工程热力学（第6版）
思考题全解

杨上兴 主编

中国水利水电出版社
www.waterpub.com.cn
·北京·

内 容 提 要

沈维道、童钧耕主编的《工程热力学》教材是国内高校能源动力等相关专业广泛使用的经典教材。本书系统梳理了《工程热力学（第 6 版）》第一章到第十三章每一个思考题的详细解答，同时总结了名词解释和工程热力学公式，帮助读者深入理解工程热力学的概念和原理。

本书适用于能源动力、动力工程及工程热物理、热能工程等专业的本科学生，可作为学习工程热力学课程的习题讲义。同时，也非常适合准备报考相关专业硕士研究生的考生选用。

图书在版编目（CIP）数据

工程热力学思考题全解 / 杨上兴主编. -- 北京：中国水利水电出版社, 2025. 7. -- ISBN 978-7-5226-3580-4

Ⅰ. TK123

中国国家版本馆CIP数据核字第2025A35B09号

书　　名	工程热力学思考题全解 GONGCHENG RELIXUE SIKAOTI QUANJIE
作　　者	杨上兴　主编
出版发行	中国水利水电出版社 （北京市海淀区玉渊潭南路1号D座　100038） 网址：www.waterpub.com.cn E - mail：sales@mwr.gov.cn 电话：（010）68545888（营销中心）
经　　售	北京科水图书销售有限公司 电话：（010）68545874、63202643 全国各地新华书店和相关出版物销售网点
排　　版	中国水利水电出版社微机排版中心
印　　刷	天津嘉恒印务有限公司
规　　格	170mm×230mm　16开本　7.25印张　104千字
版　　次	2025年7月第1版　2025年7月第1次印刷
印　　数	0001—1000册
定　　价	**42.00**元

凡购买我社图书，如有缺页、倒页、脱页的，本社营销中心负责调换

版权所有·侵权必究

前言
PERFACE

  沈维道、童钧耕主编的《工程热力学》教材，历经多版修订与完善，已成为国内高校能源动力、机械工程、化工等相关专业工程热力学课程的经典教材。其严谨的理论体系、清晰的逻辑脉络以及与工程实践的紧密结合，让无数学生从中受益，也为专业人才培养奠定了坚实的热力学基础。作为深耕能源动力工程专业教学一线多年的教育工作者，我们深知工程热力学的学习对后续专业课程及工程应用的重要性——这门学科不仅需要精准把握抽象概念，更需要通过反复思考与练习，将理论转化为分析问题、解决问题的能力。然而，许多学生在面对教材中的思考题时，常因概念辨析不清、逻辑链条断裂而陷入困境。为此，我们编写了本书，希望能为同学们的学习之路提供切实的助力。

  本书严格对应《工程热力学（第6版）》的章节体系，涵盖第一章至第十三章的所有思考题，并给出了详尽的解答。在解答过程中，不仅注重结论的准确性，更着力呈现思考的路径：从基本概念出发，结合热力学定律的核心思想，逐步推导分析过程，帮助读者理解"为何这样解答"，而非仅仅记住"答案是什么"。同时，为了强化知识的系统性，本书还增设了"名词解释"与"工程热力学公式"模块——前者梳理了本书核心概念的内涵与外延，助力概念辨析；后者则提炼了关键公式的适用条件与推导逻辑，方便读者在练习中随时查阅、巩固记忆。

  本书的适用对象广泛：对于能源动力、动力工程及工程热物理、热能工程等专业的本科生，它可作为课程学习的配套习题讲义，配合教材同步使用，帮助巩固课堂所学，填补理解盲区，让抽象的理论在解题实践中变得具体可感；对于准备报考能源动力、动力工程及工程热物理，以及相关专业硕士研究生的考生，它更是梳理考点、强化应试能力的得力工具——通过思考题的系统训练，既能夯实基础，又能提前熟悉知识点的考查方式，为考研复习构建扎实的理论框架。

我们始终相信，学习的本质是"理解"而非"记忆"。希望本书能成为同学们探索热力学世界的一把钥匙，帮助大家真正吃透概念、掌握原理，在工程热力学的学习中不仅收获知识，更能培养严谨的逻辑思维与工程分析能力。

由于编者水平有限，书中若有疏漏或不妥之处，恳请读者批评指正。愿本书能陪伴大家在工程热力学的学习中稳步前行，学有所成。

编者

2025.6

目录 CONTENTS

前言

第一章　基本概念及定义 …………………………………… 1

第二章　热力学第一定律 …………………………………… 8

第三章　气体和蒸汽的性质 ………………………………… 13

第四章　理想气体混合物及湿空气 ………………………… 19

第五章　气体和蒸汽的热力过程 …………………………… 23

第六章　热力学第二定律 …………………………………… 31

第七章　气体与蒸汽的流动 ………………………………… 39

第八章　压气机的热力过程 ………………………………… 47

第九章　气体动力循环 ……………………………………… 51

第十章　蒸汽动力装置循环 ………………………………… 58

第十一章　制冷循环 ………………………………………… 63

第十二章　实际气体的性质及热力学一般关系式 … 68

第十三章　化学热力学基础 ………………………………… 78

名词解释 ……………………………………………………… 84

工程热力学公式 ……………………………………………… 95

参考文献 ……………………………………………………… 107

第一章

基本概念及定义

【思考题 1-1】 闭口系统与外界无物质交换，系统内质量保持恒定，那么系统内质量保持恒定的热力系一定是闭口系统吗？

答： 不一定。稳定流动开口系统内的质量保持恒定，但不是闭口系统，故系统内质量保持恒定的热力系不一定是闭口系统。

【思考题 1-2】 有人认为开口系统与外界有物质交换，而物质又与能量不可分割，所以开口系不可能是绝热系统。对不对，为什么？

答： 错误。开口系统可以是绝热系统，只要开口系统与外界无热量交换。以汽轮机中绝热膨胀的水蒸气为研究对象，其既是开口系统，也是绝热系统。

【思考题 1-3】 举例说明平衡状态与稳定状态有何区别和联系？

答： 只要系统的参数不随时间改变，即系统处于稳定状态，它无须考虑参数保持不变是如何实现的；但平衡状态必须是在没有外界作用的条件下实现参数保持不变。因此，平衡状态一定是稳定状态，稳定状态不一定是平衡状态，稳定状态是平衡状态的必要条件。

【思考题 1-4】 倘使容器中气体的压力没有改变，试问安装在该容器上的压力表的读数会改变吗？绝对压力计算公式

$$p = p_b + p_e (p > p_b), \quad p = p_b - p_v (p < p_b)$$

1

中，当地大气压是否必定是环境大气压？

答：会改变。根据 $p=p_b+p_e(p>p_b)$，表压力 p_e 的读数随着不同的测压环境 p_b 变化而变化，因此容器中气体的压力没有改变，随着测压环境的变化，安装在该容器上的压力表的读数会改变。绝对压力计算公式 $p=p_b+p_e(p>p_b)$、$p=p_b-p_v(p<p_b)$ 中，环境大气压 p_b 是压力表或者真空计所在环境的压力，当地大气压不一定是环境大气压。

【思考题 1-5】 温度计测温的基本原理是什么？

答：温度计测温的基本原理是热力学第零定律，若两个热力学系统均与第三个系统处于热平衡状态，此两个系统也必互相处于热平衡状态。

【思考题 1-6】 热力学能是否就是热量？

答：内动能、内位能及维持一定分子结构的化学能和原子核内部的原子能，以及电磁场作用下的电磁能等一起构成热力学能。热力学能用符号 U 表示，1kg 物质的热力学能称比热力学能，用符号 u 表示，热力学能是状态参数。热量是热力系和外界之间仅仅由于温度不同而通过边界传递的能量。工质吸热为正 $q>0$，放热为负 $q<0$，绝热为零 $q=0$。热量是过程量，因此热力学能不是热量。

【思考题 1-7】 若在研究飞机发动机中工质的能量转换规律时把参考坐标建在飞机上，工质的总能中是否包括外部储能？在以氢、氧为燃料的电池系统中系统热力学能是否应包括氢和氧的化学能？

答：热力学能与宏观运动动能及位能的总和称为工质的总储存能，简称总能，总能用 E 表示，动能和位能分别用 E_k 和 E_p 表示，热力学能用 U 表示，则 $E=U+E_k+E_p$，若在研究飞机发动机中工质的能量转换规律时把参考坐标建在飞机上，工质的总能中不包括外部储能 E_k 和 E_p。内动能、内位能及维持一定分子结构的化学能和原子核内部的原子能，以及电磁场作用下的电磁能等一起构成热力学能。U 包括内热能和化学能，在以氢、氧为燃料的电池系统中系统的热力学能应包括氢和氧的化学能。

【思考题 1-8】 促使系统状态变化的原因是什么？举例说明。

答： 有势差（温度差、压力差、浓度差、电位差等）存在。例如，将热水和冷水混合，对于热水和冷水构成的系统来说，由于存在温度差，系统处于热不平衡的状态，热水放出热量，冷水吸收热量而发生状态变化：热水的温度逐渐降低，冷水的温度逐渐升高，最终达到两者温度相等，系统从热不平衡的状态过渡到一种新的热平衡状态。

【思考题 1-9】 分别以图 1-1 所示的参加公路自行车赛的运动员、运动手枪中的压缩空气、杯子内的热水和正在运行的电视机为研究对象，说明这些是什么系统。

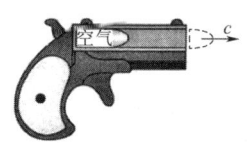

（a）参加自行车赛的运动员　（b）运动手枪中的压缩空气　（c）杯子内的热水

图 1-1　思考题 1-9 附图

答： 参加公路自行车赛的运动员会流汗，同时汗水蒸发，与外界有物质的交换，因此以参加公路自行车赛的运动员为研究对象是开口系统。运动手枪中的空气是封闭压缩的，与外界没有物质的交换，同时压缩空气是在非常短的时间完成，没有热量的交换，因此以运动手枪中的压缩空气为研究对象是闭口绝热系统。杯子内的热水会蒸发，与外界有物质的交换，以杯子内的热水为研究对象是开口系统。正在运行的电视机与外界有能量的交换但没有物质的交换，因此以正在运行的电视机为研究对象是闭口系统。

【思考题 1-10】 家用电热水器是利用电加热水的家用设备，通常其表面散热可忽略。取正在使用的家用电热水器为控制体（但不包括电加热器），这是什么系统？把电加热器包括在研究对象内，这是什么系统？什么情况下能构成孤立系统？

答：取正在使用的家庭洗澡用的电热水器为控制体（但不包括电加热器），是开口系统；把电加热器包括在研究对象内，这是开口绝热系统；把管网的水系统、加热器、电网系统和大气环境包括在内作为研究对象，构成了孤立系统。

【思考题 1-11】 分析汽车动力系统（图 1-2）与外界的质能交换情况。

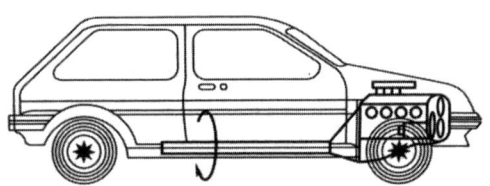

图 1-2 汽车动力系统示意图

答：汽车动力系统首先进行的是吸气过程，空气进入发动机，发动机与外界有物质的交换，同时空气本身也具有内能，也一起进入发动机。外界通过活塞对空气压缩做功，使气缸内的空气压强增大。燃料和空气的混合物在气缸中燃烧，释放出大量热能。燃气在气缸中膨胀，对外界作功，推动活塞，这时气体的热能通过曲柄连杆机构传给装在发动机曲轴上的飞轮，转变成飞轮的动能。飞轮的转动带动曲轴，向外输出轴功。排气过程，排出的废气把燃料化学能转换来的热能排向环境大气。

【思考题 1-12】 经历一个不可逆过程后，系统能否恢复原来状态？包括系统和外界的整个系统能否恢复原来状态？

答：经历一个不可逆过程后，系统和外界都能恢复到原来状态，只是不能同时恢复。

【思考题 1-13】 图 1-3 中容器为刚性容器：

（1）将容器分成两部分，一部分装气体，另一部分抽成真空，中间是隔板［图 1-3（a）］，若突然抽去隔板，气体（系统）是否作功？

（2）设真空部分装有许多隔板［图 1-3（b）］，每抽去一块隔板让气体先恢复平衡再抽去下一块，问气体（系统）是否作功？

（3）上述两种情况从初态变化到终态，其过程是否都可在 $p\text{-}v$ 图上表示？

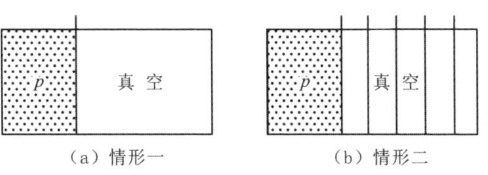

（a）情形一　　　（b）情形二

图 1-3　思考题 1-13 附图

答：（1）突然抽去隔板，为气体的自由膨胀过程，气体系统没有做功的对象，故不做功，$W=0$。

（2）若真空部分装有无数片隔板，逐个抽去隔板，每抽一块板让气体先恢复平衡再抽下一块，该过程为准静态膨胀过程，$W=\int_1^2 p\,\mathrm{d}V>0$。

（3）上述两种情况从初态变化到终态，第一种情况由于存在压力差，不是准静态过程，其过程不能在 $p\text{-}v$ 图上表示，第二种情况是准静态过程，可以在 $p\text{-}v$ 图上表示。

【注】 真空部分装有无数片隔板，逐个抽去隔板，每抽一块板让气体先恢复平衡再抽下一块，该过程为准静态膨胀过程，气体对外做功；但是如果是真空部分装有限（许多）片隔板，逐个抽去隔板，每抽一块

板让气体先恢复平衡再抽下一块,该过程为自由膨胀过程,不做功。

【思考题 1-14】 图 1-4 中过程 $1 \to a \to 2$ 是可逆过程,过程 $1 \to b \to 2$ 是不可逆过程。有人说过程 $1 \to a \to 2$ 对外做功小于过程 $1 \to b \to 2$,你是否同意他的说法?为什么?

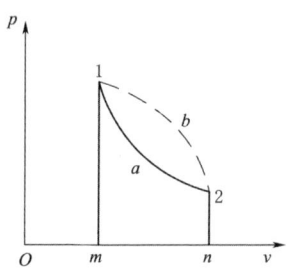

图 1-4 思考题 1-14 附图

答:不同意。可逆过程 $1 \to a \to 2$ 的做功量是确定的,而不可逆过程 $1 \to b \to 2$ 的做功量是不确定的,因而无法比较。

【思考题 1-15】 系统经历一可逆正向循环和其逆向可逆循环后,系统和外界有什么变化?若上述正向循环及逆向循环中有不可逆因素,则系统及外界有什么变化?

答:系统经历一可逆正向循环及其逆向可逆循环后,系统和外界没有发生变化。若上述正向循环及其逆向循环中有不可逆的因素,则系统恢复原来的状态,但外界则留下了变化,例如外界的熵增加。

【思考题 1-16】 工质及气缸、活塞组成的系统经循环后,系统输出净功中是否要考虑活塞排斥大气功?输出净功与工质因体积变化的功、摩擦、损耗等的关系如何?

答:不需要。系统经历一个循环,系统的参数包括体积恢复到原来的状态,活塞的位置没有改变,从总的结果来看,系统输出的功不需要减去活塞排斥大气功才是有用功。

当没有摩擦损耗，工质膨胀时，对外输出功 W_T，工质被压缩时，外界对工质做压缩功 W_C，输出净功 $W_{net}=W_T-W_C$。当存在摩擦损耗功 W_l，输出净功 $W'_{net}=W_{net}-W_l=W_T-W_C-W_l$。

第二章

热力学第一定律

【思考题 2-1】 能否由方程式 $Q = \Delta U + W$ 得出功、热量和热力学能是相同性质的参数的结论？

答：不能。过程功和热量都是过程量，热力学能是状态量，它们是不同性质的参数，由方程式 $Q = \Delta U + W$ 可得到过程功、热量、热力学能单位相同，因此可以相加减。

【思考题 2-2】 一刚性绝热容器，中间用绝热隔板分为两部分，A 中存有高压空气，B 中保持真空，如图 2-1 所示。若将隔板抽去，分析容器中空气的热力学能将如何变化？若在隔板上有一小孔，气体泄漏入 B 中，分析 A、B 两部分压力相同时 A、B 两部分气体比热力学能如何变化？

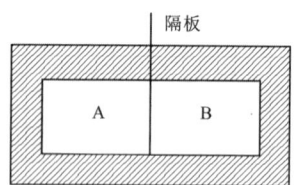

图 2-1 自由膨胀

答：将隔板抽去，依题意 $Q=0$，$W=0$，根据热力学第一定律 $Q = \Delta U + W$，那么 $\Delta U = 0$，即容器中空气的热力学能不变。若在隔板上有一小孔，A 侧的气体泄漏进入 B 侧，导致 A 侧气体的压力降低，那么 $p_{A2} < p_{A1}$，刚性绝热容器的漏气过程中容器内理想气体的状态参数服从

$T_{A2}=T_{A1}\left(\dfrac{p_{A2}}{p_{A1}}\right)^{\frac{\kappa-1}{\kappa}}$，故 $T_{A2}<T_{A1}$。当 A、B 两部分压力相同时，A 部分气体温度降低，比热力学能减小，即 $\Delta u_A<0$。对于刚性绝热容器，$q=0$，$w=0$，根据热力学第一定律 $q=\Delta u+w$，那么 $\Delta u=\Delta u_A+\Delta u_B=0$，因此 $\Delta u_B>0$，即 B 部分的气体比热力学能增加。

【注】 刚性绝热容器的漏气过程中容器内理想气体的状态参数服从 $T_{A2}=T_{A1}\left(\dfrac{p_{A2}}{p_{A1}}\right)^{\frac{\kappa-1}{\kappa}}$，参考第七章 7.8 非稳态流动过程例题 7-7。

【思考题 2-3】 热力学第一定律的能量方程式是否可写成下列形式？为什么？
$$q=\Delta u+pv$$
$$q_2-q_1=(u_2-u_1)+(w_2-w_1)$$

答：不能。

（1）w 不可能等于 pv，因为 w 是过程量，pv 是状态参数。

（2）因为 q 和 w 都是过程量，不是状态参数，若说物系在某一状态下有多少功或多少热量，显然是毫无意义的、错误的。因此热力学第一定律的方程式不能写成 $q_2-q_1=(u_2-u_1)+(w_2-w_1)$。

【思考题 2-4】 热力学第一定律解析式有时写成下列两种形式：
$$q=\Delta u+w$$
$$q=\Delta u+\int_1^2 p\,dv$$

分别讨论上述两式的适用范围。

答：$q=\Delta u+w$ 适用于闭口系统，任意工质，任意过程；$q=\Delta u+\int_1^2 p\,dv$ 适用于闭口系统，任意工质，可逆过程。

【思考题 2-5】 为什么推动功出现在开口系统能量方程式中，而不出现在闭口系统能量方程式中？

答：因工质在开口系统中流动而传递的功，称为推动功。当流体流动时，上游流体为了在下游占有一个位置，必须将相应的下游流体推挤开去，当有流体流进或流出系统时，上、下游流体间的这种推挤关系，就会在系统与外界之间形成推动功。闭口系统由于不存在流体的宏观流动现象，不存在上游流体推挤下游流体的作用，没有系统与外界之间的推动功，所以在闭口系统的能量方程式中不会出现推动功项。

【思考题 2-6】 焓是工质流入（或流出）开口系统时传递入（或传递出）系统的总能量，那么闭口系统工质有没有焓值？

答：焓的定义式 $H=U+pV$，闭口系统工质也有焓值，但是由于工质不流动，所以 pV 不是推动功，闭口系统的焓值没有意义。

【思考题 2-7】 气体流入真空容器，是否需要推动功？

答：因工质在开口系统中流动而传递的功，称为推动功。当流体流动时，上游流体为了在下游占有一个位置，必须将相应的下游流体推挤开去，这样才存在推动功，而气体流入真空容器，下游为真空容器，没有工质，不需要推动功。

【思考题 2-8】 稳定流动能量方程式 $q=h_2-h_1+\dfrac{1}{2}(c_{f2}^2-c_{f1}^2)+g(z_2-z_1)+w_i=\Delta h+w_t$ 是否可应用于像活塞式压气机这样的机械稳定工况运行的能量分析？为什么？

答：可以。若流动过程中开口系统内部及其边界上各点工质的热力参数及运动参数都不随时间而变，这种流动过程称为稳定流动过程。对于活塞式压气机等连续工作的周期性动作的能量转换装置，由于系统边界上各点工质的热力参数及运动参数都不随时间而变，同时每一个周期活塞式压气机的进气、排气流量都是恒定的，并且每一个周期都是稳定工作的，因此像活塞式压气机可以应用稳定流动能量方程式。

【思考题 2-9】 为什么稳定流动开口系统内不同部分工质的比热力学能、比焓、比熵等都会改变，而整个系统的 $\Delta U_{CV}=0$、$\Delta H_{CV}=0$、$\Delta S_{CV}=0$？

答： 整个系统的 $\Delta U_{CV}=0$、$\Delta H_{CV}=0$、$\Delta S_{CV}=0$ 是指系统的过程进行时间前后的变化值，稳定流动系统在不同时间内各点的状态参数都不发生变化，所以 $\Delta U_{CV}=0$、$\Delta H_{CV}=0$、$\Delta S_{CV}=0$。稳定流动开口系统内不同位置状态参数会发生变化，因此稳定流动开口系统内不同部分工质的比热力学能、比焓、比熵等都会发生改变。

【注】 区别"系统的参数"和"系统进出口的参数"。

【思考题 2-10】 开口系实施稳定流动过程，是否同时满足下列三式：
$$\delta Q = \mathrm{d}U + \delta W$$
$$\delta Q = \mathrm{d}H + \delta W_t$$
$$\delta Q = \mathrm{d}H + \frac{m}{2}\mathrm{d}(c_f^2) + mg\,\mathrm{d}z + \delta W_i$$

W、W_t 和 W_i 的相互关系是什么？

答： 可以同时满足。热力学第一定律的本质是能量守恒，从数学的角度来说，$\delta Q = \mathrm{d}U + \delta W = \mathrm{d}H + \delta W_t = \mathrm{d}H + \frac{m}{2}\mathrm{d}(c_f^2) + mg\,\mathrm{d}z + \delta W_i$。

W、W_t 和 W_i 的相互关系是 $W_t = W_i + \frac{m}{2}c_f^2 + mg\Delta z$；$W = W_t + \Delta(pV)$；$W = W_i + \frac{m}{2}c_f^2 + mg\Delta z + \Delta(pV)$。

【思考题 2-11】 几股气流汇合成一股流体称为合流，如图 2-2 所示。工程上几台压气机同时向主气道送气以及混合式换热器等都有合流的问题。通常合流过程都是绝热的，取 1-1、2-2、3-3 截面之间的空间为控制体积，列出能量方程式并导出出口截面上焓值 h_3 的计算式。

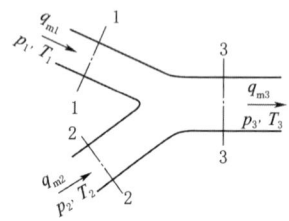

图 2-2 合流

答：由于合流过程绝热，过程没有功的输入和输出，根据稳定流动开口系统能量方程：$q_{m1}\left(h_1 + \frac{1}{2}c_{f1}^2 + gz_1\right) + q_{m2}\left(h_2 + \frac{1}{2}c_{f2}^2 + gz_2\right) - q_{m3}\left(h_3 + \frac{1}{2}c_{f3}^2 + gz_3\right) = 0$，忽略合流前后的动势能变化，那么 $q_{m1}h_1 + q_{m2}h_2 - q_{m3}h_3 = 0$，因此出口截面上焓值 $h_3 = \dfrac{q_{m1}h_1 + q_{m2}h_2}{q_{m3}}$。

第三章

气体和蒸汽的性质

【思考题 3-1】 怎样正确看待"理想气体"这个概念？在进行实际计算时如何决定是否可采用理想气体的一些公式？

答：理想气体是一种实际上不存在的假想气体，其分子是些弹性的、不占体积的质点，分子间相互没有作用力。一般而言，工程中常用的氧气、氮气、氢气、一氧化碳等及其混合空气、燃气、烟气等工质，在通常使用的温度、压力下都可作为理想气体处理。火力发电厂动力装置中采用的水蒸气，制冷装置中采用的氟利昂蒸汽、氨蒸汽等，这类物质的临界温度较高，蒸汽在通常的工作温度和压力下离液态不远，不符合理想气体的两点假设，不能看作理想气体。

【思考题 3-2】 摩尔气体常数 R 值是否随气体的种类不同或状态不同而异？气体的摩尔体积 V_m 是否因气体的种类而异？是否因所处状态不同而异？任何气体在任意状态下摩尔体积是否都是 $0.022414\mathrm{m}^3/\mathrm{mol}$？

答：摩尔气体常数 $R=8.3145\mathrm{J}/(\mathrm{mol}\cdot\mathrm{K})$，与气体的种类和气体的状态都无关；气体常数 $R_g=\dfrac{R}{M}$，由于 M 与气体的种类有关，与气体的状态无关，那么 $R_g=\dfrac{R}{M}$ 与气体的种类有关，与气体的状态无关。气体的摩尔体积 $V_m=Mv=M\dfrac{R_gT}{p}=\dfrac{RT}{p}$，$V_m$ 不随气体的种类而异，但随着气体的状态变化而变化。任何气体在标准状态 $p=101325\mathrm{Pa}$、$T=$

273.15K 下摩尔体积是 $0.022414\mathrm{m}^3/\mathrm{mol}$,在其他状态下,摩尔体积将发生变化。

【思考题 3-3】 如果某种工质的状态方程式为 $pv=R_\mathrm{g}T$,这种工质的比热容、热力学能、焓都仅仅是温度的函数吗?

答:是的,$pv=R_\mathrm{g}T$ 是理想气体的状态方程式,理想气体的比热容、热力学能和焓都是温度的单值函数。

【思考题 3-4】 对于确定的理想气体,$c_p\big|_{T_1}^{T_2}-c_V\big|_{T_1}^{T_2}$ 及 $\dfrac{c_p\big|_{T_1}^{T_2}}{c_V\big|_{T_1}^{T_2}}$ 是否等于定值?

答:对于确定的理想气体,那么气体常数 R_g 确定,$c_p\big|_{T_1}^{T_2}-c_V\big|_{T_1}^{T_2}=R_\mathrm{g}$ 与状态无关,因此等于定值;但是 $\dfrac{c_p\big|_{T_1}^{T_2}}{c_V\big|_{T_1}^{T_2}}$ 不是定值,随着温度的变化,$\dfrac{c_p\big|_{T_1}^{T_2}}{c_V\big|_{T_1}^{T_2}}$ 的值发生变化。

【思考题 3-5】 迈耶公式 $c_p-c_V=R_\mathrm{g}$ 是否适用于动力工程中应用的高压水蒸气?是否适用于地球大气中的水蒸气?

答:迈耶公式 $c_p-c_V=R_\mathrm{g}$ 只适用于理想气体,因此不适用于动力工程中应用的高压水蒸气。由于地球大气中的水蒸气密度小、比体积大,分子间平均距离较大,作用力极其微弱,符合理想气体的两点假设,因此地球大气中的水蒸气是理想气体,因此迈耶公式 $c_p-c_V=R_\mathrm{g}$ 适用于地球大气中的水蒸气。

【思考题 3-6】 气体有两个独立的参数,u(或 h)可以表示为 p 和 v 的函数,即 $u=f(p,v)$。但又曾得出结论,理想气体的热力学能(或焓）只取决于温度，这两点是否矛盾？为什么？

答：不矛盾，理想气体的热力学能（或焓）是温度的单值函数，对于理想气体，热力学能、焓、温度是相互不独立的状态参数，相当于一个函数，只要已知温度就能确定理想气体的热力学能（或焓）。但是对于相互独立的状态参数，则需要两个独立的参数才能确定理想气体的热力学能（或焓）。

【思考题 3-7】 为什么工质的热力学能、焓和熵为零的基准可以任选？所有情况下工质的热力学能、焓和熵为零的基准都可任意选定？理想气体的热力学能或焓的参照状态通常选定哪个或哪些状态参数值？气体热力性质表中的 u、h 及 s^0 的基准是什么状态？

答：对于工程热力学学科，需要求的是工质的热力学能、焓和熵的变化量，热力学能、焓和熵的绝对量对变化量没有影响，因此可以任选工质的热力学能、焓和熵为零的基准。但不能绝对地说所有情况下工质的热力学能、焓和熵为零的基准都可以任选。工质的热力学能或焓的参照状态通常选定是绝对零度，在工程热力学范畴，绝对零度时，工质的热力学能和焓认为是零，因此气体热力性质表中的 u、h 及 s^0 的基准是绝对零度的状态。

【思考题 3-8】 理想气体任意可逆过程 1—2 如图 3-1 所示，状态 1 和 2 之间的热力学能变化量、焓变化量能否在图上用面积表示？若 1—2 经过的是不可逆过程又如何？

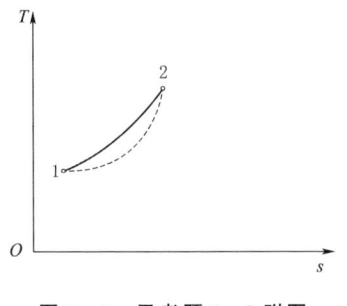
图 3-1 思考题 3-8 附图

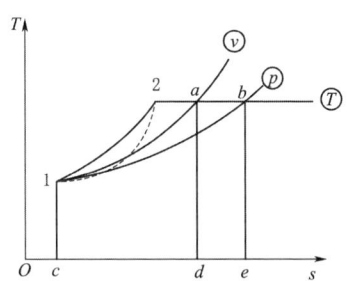
图 3-2 思考题 3-8 答案附图

答：理想气体任意可逆过程1—2，状态1和2之间的热力学能变化量、焓变化量能在图3-2上用面积表示。若过程1—2经过的是不可逆过程，热力学能变化量、焓变化量依然能在图3-2上用面积表示，因为热力学能和焓是状态参数，与过程无关。如图3-2所示，过1点分别作定容线和定压线，过2点作定温线，分别相交于点 a 和 b。那么：

$\Delta u_{1-2}=u_2-u_1=u_a-u_1=q_{1-a}-w_{1-a}$，$1—a$ 过程是定容过程，$w_{1-a}=0$，故 $\Delta u_{1-2}=q_{1-a}$，Δu_{1-2} 可用面积 $1adc1$ 表示。

$\Delta h_{1-2}=h_2-h_1=h_b-h_1=q_{1-b}-w_{t1-b}$，由于 $1—b$ 过程是定压过程 $w_{t1-b}=0$，故 $\Delta h_{1-2}=q_{1-b}$，Δh_{1-2} 可用面积 $1bec1$ 表示。

【思考题3-9】 理想气体熵变计算式 $\Delta s_{1-2}=\int_{T_1}^{T_2}c_p\dfrac{\mathrm{d}T}{T}-R_g\ln\dfrac{p_2}{p_1}$，$\Delta s_{1-2}=\int_{T_1}^{T_2}c_V\dfrac{\mathrm{d}T}{T}+R_g\ln\dfrac{v_2}{v_1}$，$\Delta s_{1-2}=\int_{p_1}^{p_2}c_V\dfrac{\mathrm{d}p}{p}+\int_1^2 c_p\dfrac{\mathrm{d}v}{v}$ 是由可逆过程导出，这些计算式是否可用于不可逆过程初、终态的熵变？为什么？

答：熵是状态参数，与过程无关，理想气体熵变计算式 $\Delta s_{1-2}=c_V\ln\dfrac{T_2}{T_1}+R_g\ln\dfrac{v_2}{v_1}$，$\Delta s_{1-2}=c_p\ln\dfrac{T_2}{T_1}-R_g\ln\dfrac{p_2}{p_1}$，$\Delta s_{1-2}=c_p\ln\dfrac{v_2}{v_1}+c_V\ln\dfrac{p_2}{p_1}$ 适用于理想气体且比热容 c_V 和 c_p 为定值的任意过程，因此，这些计算式可用于不可逆过程初、终态的熵变。

【思考题3-10】 熵的数学定义式为 $\mathrm{d}s=\dfrac{\delta q_{\text{rev}}}{T}$，又 $\delta q=T\mathrm{d}s$，故 $\mathrm{d}s=\dfrac{c\mathrm{d}T}{T}$。因理想气体的比热容是温度的单值函数，所以理想气体的熵也是温度的单值函数，这一结论是否正确？若不正确，错在何处？

答：不正确。$\delta q=c\mathrm{d}T$ 是微元任意过程的换热量，但是 $\mathrm{d}s=\dfrac{\delta q_{\text{rev}}}{T}$ 中的 δq_{rev} 是可逆过程的吸热量。因此将此式 $\delta q=c\mathrm{d}T$ 代入仅适用于可逆

过程的 $ds = \dfrac{\delta q_{rev}}{T}$ 是不正确的。

【思考题 3-11】 试判断下列各说法是否正确：①气体吸热后熵一定增大；②气体吸热后温度一定升高；③气体吸热后热力学能一定升高；④气体膨胀时一定对外做功；⑤气体压缩时一定耗功。

答：①错误，对于稳定流动开口系统，气体吸热后，系统的熵保持不变；②错误，对于定值比热容的理想气体 $q = \Delta u + w = c_V \Delta T + w$，气体吸热后 $q > 0$，不能得到 $\Delta T > 0$，因为 w 未知，气体吸热后温度可能升高、不变或者减小；③错误，根据 $q = \Delta u + w$，气体吸热后 $q > 0$，不能得到 $\Delta u > 0$，因为 w 未知，气体吸热后热力学能可能增加、不变或者减小；④错误，如气体向真空作自由膨胀时因无需克服外力，其过程功当为零；⑤正确，因为气体是不可能自行压缩的，要压缩气体的体积，必须借助于外功，外界对气体做功，故气体工质被压缩一定耗功。

【思考题 3-12】 氮、氧、氨这样的工质是否和水一样也有饱和状态的概念，也存在临界状态？

答：是的。所有的纯物质都有饱和状态的概念，也存在临界状态，由于氮、氧、氨是纯物质，因此氮、氧、氨和水一样也有饱和状态的概念，也存在临界状态。

【思考题 3-13】 水的三相点的状态参数是不是唯一确定的？三相点与临界点有什么异同？

答：物质气、液、固三相平衡共存的状态称为三相点。三相点的压力和温度是确定的，由于三相点各相的比例不确定，因此三相点的比体积 v 无法确定。临界点是液相和气相不再有区别的状态。临界点的压力、温度、比体积都是唯一确定的。

【思考题 3-14】 水的汽化潜热是否为常数？有什么变化规律？

答： 由饱和水定压加热为干饱和蒸汽的过程中，工质的比体积随蒸汽增多而迅速增大，但汽、液温度不变，所吸收的热量转变为蒸汽分子的内位能的增加及比体积的增加而对外做出的膨胀功，这一热量即为汽化潜热。水的汽化潜热随着压力的升高或者温度的升高，汽化潜热越来越小，当达到临界点时，汽化潜热为零。因此，水的汽化潜热不是常数。

【思考题 3-15】 有人根据水在定压汽化过程中温度和压力维持不变，因此过程中热力学能保持不变，于是由 $q=\Delta u + w$ 认为过程中热量等于膨胀功，即 $q=w$。这一观点是否正确？为什么？

答： 这一观点不正确。因为水不是理想气体，温度不变不能得到热力学能保持不变。水在定压汽化过程中温度和压力维持不变，所吸收的热量转变为蒸汽分子的内位能的增加及比体积的增加而对外做出的膨胀功。

【思考题 3-16】 有人根据热力学第一定律解析式 $\delta q = dh - v dp$ 和比热容的定义 $c = \dfrac{\delta q}{dT}$，认为 $\Delta h_p = c_p \big|_{T_1}^{T_2} \Delta T$ 是普遍适用于一切工质的。进而推论得出水定压汽化时，温度不变，因此其焓变量 $\Delta h_p = c_p \big|_{T_1}^{T_2} \Delta T = 0$，这一推论错误在哪里？

答： $\Delta h_p = c_p \big|_{T_1}^{T_2} \Delta T$ 只适用于无相变、非定温的过程，由于水定压汽化过程是有相变的定温过程，因此水定压汽化时其焓变量 $\Delta h_p = c_p \big|_{T_1}^{T_2} \Delta T = 0$ 的推论是错误的。

第四章

理想气体混合物及湿空气

【思考题 4-1】 处于平衡状态的理想气体混合气体中，各种组成气体可以各自互不影响地充满整个体积，它们的行为可以与它们各自单独存在时一样，为什么？

答：混合气体的热力学性质取决于各组成气体的热力学性质及成分，若各组成气体全部处在理想气体状态，则其混合物也处在理想气体状态，具有理想气体的一切特性。

【思考题 4-2】 理想气体混合物各组成气体究竟处于什么样的状态？

答：理想气体混合物各组成气体都处于气态，理想气体混合物依然还是理想气体，各组成气体分子的运动不因存在其他气体而受影响。

【思考题 4-3】 道尔顿分压定律和亚美格分体积定律是否适用于实际气体混合物？

答：不适用，因为只有当各组成气体的分子不具有体积、分子间不存在作用力时，各组成气体对容器壁面的撞击效果才如同单独存在于容器时的一样，因此道尔顿分压定律和亚美格分体积定律只适用于理想气体状态，不适用于实际气体混合物。

【思考题 4-4】 混合气体中如果已知两种组分 A 和 B 的摩尔分数 $x_A > x_B$，能否断定质量分数也是 $w_A > w_B$？

答：否，根据 $w_i = \dfrac{M_i}{M_{eq}} x_i$，质量分数还与各组分的摩尔质量有关，因此摩尔分数大的组分，质量分数不一定也大。

【思考题 4-5】 可以近似认为空气是1mol氧气和3.76mol氮气混合构成（即 $x_{O_2}=0.21$，$x_{N_2}=0.79$），所以0.1MPa、20℃的4.76mol空气的熵应是0.1MPa、20℃的1mol氧气的熵和0.1MPa、20℃的3.76mol氮气熵的和，对吗？为什么？

答：错误，混合过程是不可逆过程，会产生熵产，$S_g = \Delta S_{O_2} + \Delta S_{N_2} > 0$，导致混合后的熵增加，所以0.1MPa、20℃的4.76mol空气的熵应大于0.1MPa、20℃的1mol氧气的熵和0.1MPa、20℃的3.76mol氮气熵的和。

【思考题 4-6】 为什么混合气体的比热容以及热力学能、焓和熵可由各组成气体的性质及其在混合气体中的混合比例来决定？混合气体的温度和压力能不能由同样方法确定？

答：根据比热容的定义，混合气体的比热容是1kg混合气体温度升高1℃所需热量。理想气体混合物的分子满足理想气体的两点假设，各组成气体分子的运动不因存在其他气体而受影响。混合气体的热力学能、焓和熵都是广延参数，具有可加性。所以混合气体的比热容以及热力学能、焓和熵可由各组成气体的性质及其在混合气体中的混合比例来决定。混合气体的温度和压力是强度参数，不能由同样方法确定。

【思考题 4-7】 为何阴雨天温度较高晒衣服不易干，而温度较低的晴天则容易干？

答：阴雨天湿空气的相对湿度大，吸取水蒸气的能力差，所以晒衣服不易干。晴天则湿空气的相对湿度小，吸取水蒸气的能力强，所以容易干。

【思考题 4-8】 为何冬季人在室外呼出的气是白色雾状？冬季室内有供暖装置时，为什么会感到空气干燥？用火炉取暖时，经常在火炉上放一壶水，目的何在？

答：人呼出的气体是未饱和湿空气，当进入外界环境时，外界环境的温度很低使得呼出的气体得到冷却。在冷却过程中，湿空气保持含湿量不变，温度降低。当低于露点温度时就有水蒸气不断凝结析出，这就形成了白色雾状气体。冬季室内有供暖装置时，温度较高，使空气相对湿度减小。因此会觉得干燥。放一壶水的目的就是使水加热变成水蒸气散发到空气中，增加空气的水蒸气质量，提高相对湿度。

【思考题 4-9】 绝对湿度是 $1m^3$ 的湿空气中所含水蒸气的质量，它非常直接地指出了湿空气中水蒸气的量，能不能用绝对湿度衡量湿空气的吸湿能力？

答：绝对湿度并不能完全说明湿空气的潮湿程度和吸湿能力。因为同样的绝对湿度，若空气温度不同，湿空气吸湿能力也不同，故绝对湿度不能完全说明湿空气的吸湿能力。

【思考题 4-10】 何谓湿空气的露点？解释降雾、结露、结霜现象，并说明它们发生的条件。

答：湿空气中水蒸气的分压力所对应的饱和温度称为湿空气的露点。夜间地面温度较低，湿空气温度下降，湿空气就会发生凝结，当足够多的水分子与空气中微小的灰尘颗粒结合在一起就变成小水滴，就形成了雾。雾形成基本的条件包括：①湿空气中的水蒸气含量充沛；②地面气温低；③凝结时必须有一个凝聚核，如尘埃等。

露是水蒸气遇到冷的物体，当温度低于露点温度时就有水珠析出从而形成露。露的形成有两个基本条件：①水汽条件好；②遇到露点温度以下的物体。

湿空气与温度低于0℃以下的物体接触，湿空气中的水蒸气在物体表面上凝华为冰晶，形成霜。霜的形成有两个基本条件：①空气中含有较多的水蒸气；②遇到0℃以下的物体。

【思考题 4-11】 何谓湿空气的含湿量？相对湿度愈大含湿量愈高，这样说对吗？

答：含湿量 d 指的是 1kg 干空气所带有的水蒸气的质量。相对湿度 φ 和含湿量 d 相互独立，因此相对湿度愈大含湿量愈高的说法错误。

第五章
气体和蒸汽的热力过程

【思考题 5-1】 试以理想气体的定温过程为例,归纳气体的热力过程要解决的问题及使用方法。

答: 气体的热力过程要解决的问题是揭示气体热力过程中状态参数的变化规律,揭示热能与机械能之间的转换情况,找出其内在规律及影响转化的因素,研究外界条件对工质能量转换的影响,从而加以利用。使用的方法是分析典型的可逆过程方法,通过分析理想气体的典型的多变可逆过程,建立多变过程方程式,找出状态参数的变化规律,确定不同状态下参数之间的关系,在 p-v 图和 T-s 图上画出过程变化曲线,同时求出热力学能、焓、熵、过程功、技术功、热量等。

【思考题 5-2】 对于理想气体的任何一种过程,下列两组公式是否都适用?

$$\Delta u = c_V(t_2 - t_1), \Delta h = c_p(t_2 - t_1);$$
$$q = \Delta u = c_V(t_2 - t_1), q = \Delta h = c_p(t_2 - t_1);$$

答: 对于理想气体,$\Delta u = c_V(t_2 - t_1)$,$\Delta h = c_p(t_2 - t_1)$ 适用于任意过程;$q = \Delta u = c_V(t_2 - t_1)$ 适用于任意气体,定容过程;$q = \Delta h = c_p(t_2 - t_1)$ 适用于任意气体,定压过程。因此,只有第一组公式适用于任意过程。

【思考题 5-3】 在定容过程和定压过程中，气体的热量可根据过程中气体的比热容乘以温差来计算。定温过程气体的温度不变，在定温膨胀过程中是否需对气体加入热量？如果加入的话应如何计算？

答： 定温过程气体的温度不变，在定温膨胀过程中不一定需要对气体加入热量，比如理想气体绝热自由膨胀的过程，也是定温膨胀过程，这种情况下不需要对气体加入热量。但若是理想气体可逆定温膨胀过程，$Q = \Delta U + W = mc_V(t_2 - t_1) + \int_1^2 p\,dV = \int_1^2 p\,dV > 0$，这种情况下则需要对气体加入热量，加入的热量 $Q = \int_1^2 p\,dV = pV\big|_1^2 \dfrac{1}{V}dV = mR_g T \ln \dfrac{V_2}{V_1}$。

【思考题 5-4】 热量 q 和过程功 w 都是过程量，都和过程的途径有关。由理想气体可逆定温过程热量公式 $q = p_1 v_1 \ln \dfrac{v_2}{v_1}$ 可知，只要状态参数 p_1、v_1 和 v_2 确定了，q 的数值也确定了，是否可逆定温过程的热量 q 与途径无关？

答： 错误，热量 q 和过程功 w 都是过程量，不同的过程有不同的值，对于可逆定温过程的热量 $q = p_1 v_1 \ln \dfrac{v_2}{v_1}$，对于定压过程的热量 $q = c_p(t_2 - t_1)$，定容过程的热量 $q = c_V(t_2 - t_1)$，可逆绝热过程的热量 $q = 0$。不同的过程，热量的值不一样；如果过程确定，那么热量的值就确定。

【思考题 5-5】 闭口系在定容过程中外界对系统施以搅拌功 δw，此时的 $\delta Q = mc_V dT$ 是否成立？

答： 不成立，闭口系在定容过程中外界对系统施以搅拌功 δw，根据热力学第一定律，$\delta Q = mc_V dT - \delta W$ 成立。

【思考题 5-6】 绝热过程的过程功 w 和和技术功 w_t 计算式
$$w = u_1 - u_2, \quad w_t = h_1 - h_2$$
是否只限于理想气体？是否只限于可逆绝热过程？为什么？

答：绝热过程的过程功 w 和和技术功 w_t 计算式 $w = u_1 - u_2$ 和 $w_t = h_1 - h_2$，不只限于理想气体，不只限于可逆绝热过程，而是适用于任何工质的绝热过程。因为根据热力学第一定律表达式 $q = u_2 - u_1 + w$ 和 $q = h_2 - h_1 + w_t$，只要是绝热过程，就可以得到 $w = u_1 - u_2$ 和 $w_t = h_1 - h_2$。

【思考题 5-7】 试判断下列各种说法是否正确：

（1）定容过程即无膨胀（或压缩）功的过程。

（2）绝热过程即定熵过程。

（3）多变过程即任意过程。

答：（1）错误，定容过程是比体积保持不变的过程，刚性容器左侧装有氧气，右侧是真空，中间是隔板，抽去隔板，过程没有体积变化功，但是，过程的体积变大了，质量不变，比体积 $v = \dfrac{V}{m}$ 变大，不是定容过程。

（2）错误，可逆绝热过程才是定熵过程，不可逆绝热过程熵增大。

（3）多变过程只是满足 $pv^n = $ 常数（n 为常数）的可逆过程，并不是任意的过程。

【思考题 5-8】 如图 5-1 所示，试证明图中 $q_{1-2-3} \neq q_{1-4-3}$。图中 1—2，4—3 为定容过程，1—4、2—3 为定压过程。

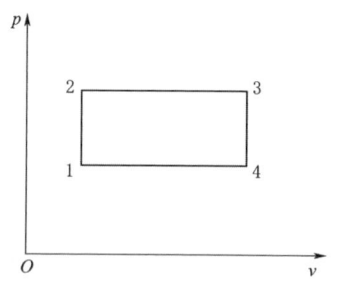

图 5-1 思考题 5-8 附图

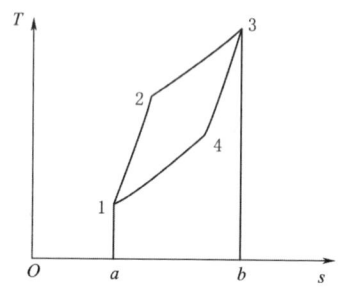

图 5-2 思考题 5-8 答案图

证明： 循环 1—2—3—4—1 的 T-s 图如图 5-2 所示，其中 q_{1-2-3} 可用 1—2—3—b—a—1 围成的面积表示；q_{1-4-3} 可用 1—4—3—b—a—1 围成的面积表示，显然两面积不相等，那么 $q_{1-2-3} \neq q_{1-4-3}$。

【思考题 5-9】 如图 5-3 所示，今有两个任意过程 a—b 及 a—c，b 点及 c 点在同一条绝热线上。

（1）试问 Δu_{ab} 与 Δu_{ac} 哪个大？

（2）若 b 点及 c 点在同一条定温线上，结果又如何？

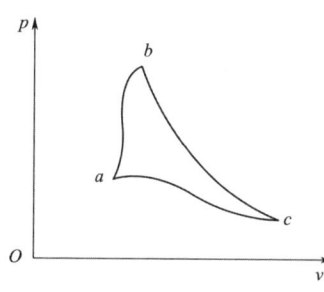

图 5-3 思考题 5-9 附图

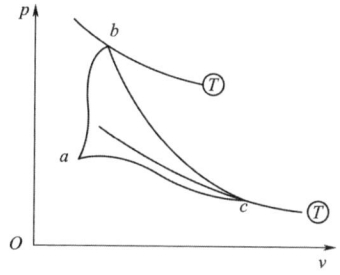

图 5-4 思考题 5-9 答案图

答： 分别过 b、c 两点做一条定温线，由图 5-4 可知，$T_b > T_c > T_a$，那么 $\Delta u_{ab} - \Delta u_{ac} = c_V(T_b - T_a) - c_V(T_c - T_a) = c_V(T_b - T_c) > 0$，因此，$\Delta u_{ab} > \Delta u_{ac}$。如果 b、c 两点在同一条定温线上，$T_b = T_c > T_a$，那么 $\Delta u_{ab} = \Delta u_{ac}$。

【思考题 5-10】 理想气体定温过程的膨胀功等于技术功,能否推广到任意气体?

答:不能,由热力学第一定律,$q=\Delta u+w$ 和 $q=\Delta h+w_t$,对于理想气体而言,定温过程 $\Delta u=\Delta h=0$,因此 $q=w=w_t$。对于实际气体,$du=c_V dT+\left[T\left(\frac{\partial p}{\partial T}\right)_v-p\right]dv$,$dh=c_p dT+\left[v-T\left(\frac{\partial v}{\partial T}\right)_p\right]dp$,实际气体在定温过程中,$\Delta u=\int_{v_1}^{v_2}\left[T\left(\frac{\partial p}{\partial T}\right)_v-p\right]dv$,$\Delta h=\int_{p_1}^{p_2}\left[v-T\left(\frac{\partial v}{\partial T}\right)_p\right]dp$,因此 $\Delta u \neq \Delta h$,$w=q-\Delta u$ 和 $w_t=q-\Delta h$ 不相等。

【思考题 5-11】 下列三式的使用条件是什么?

$$p_2 v_2^{\kappa}=p_1 v_1^{\kappa},\ T_1 v_1^{\kappa-1}=T_2 v_2^{\kappa-1},\ T_1 p_1^{\frac{\kappa-1}{\kappa}}=T_2 p_2^{\frac{\kappa-1}{\kappa}}$$

答:$p_2 v_2^{\kappa}=p_1 v_1^{\kappa}$,$T_1 v_1^{\kappa-1}=T_2 v_2^{\kappa-1}$,$T_1 p_1^{\frac{\kappa-1}{\kappa}}=T_2 p_2^{\frac{\kappa-1}{\kappa}}$ 三式的使用条件是理想气体可逆绝热过程。

【思考题 5-12】 T-s 图上如何表示绝热过程的技术功 w_t 和膨胀功 w?

答:(1) 如图 5-5 所示,过程 ab 是可逆绝热膨胀过程,过 a 点作定温线,过 b 点作定容线和定压线分别交于 c 点和 d 点。

$$w_{ta-b}=q_{a-b}-(h_b-h_a)=h_a-h_b=h_d-h_b=q_{b-d}-w_{tb-d}=q_{b-d},$$

那么,可逆绝热过程 ab 的技术功可用面积 $bdgeb$ 表示。

$$w_{a-b}=q_{a-b}-(u_b-u_a)=u_a-u_b=u_c-u_b=q_{b-c}-w_{b-c}=q_{b-c}。$$

那么,可逆绝热过程 ab 的体积变化功可用面积 $bcfeb$ 表示。

(2) 如图 5-6 所示,过程 ab 是不可逆绝热膨胀过程,过 a 点作定温线,过 b 点作定容线和定压线分别交于 c 点和 d 点。

$$w_{ta-b}=q_{a-b}-(h_b-h_a)=h_a-h_b=h_d-h_b=q_{b-d}-w_{tb-d}=q_{b-d},$$

那么,不可逆绝热过程 ab 的技术功可用面积 $bdgeb$ 表示。

$$w_{a-b}=q_{a-b}-(u_b-u_a)=u_a-u_b=u_c-u_b=q_{b-c}-w_{b-c}=q_{b-c}。那$$

么，不可逆绝热过程 ab 的体积变化功可用面积 $bcfe$ 表示。

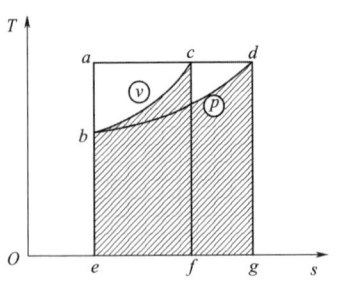

图 5-5　思考题 5-12 答案图
（可逆绝热膨胀过程）

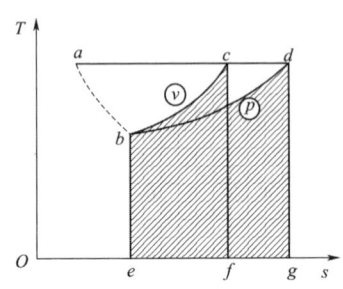

图 5-6　思考题 5-12 答案图
（不可逆绝热膨胀过程）

【思考题 5-13】　在 $p-v$ 和 $T-s$ 图上如何判断过程 q、w、Δu、Δh 的正负？

答：(1) $q = \int_1^2 T \mathrm{d}s$，吸热过程和放热过程的分界线在于 $n = k$（定熵线），在 $p-v$ 图往右吸热 $q = \int_1^2 T \mathrm{d}s > 0$，往左放热 $q = \int_1^2 T \mathrm{d}s < 0$。在 $T-s$ 图往右上吸热 $q = \int_1^2 T \mathrm{d}s > 0$，往左下放热 $q = \int_1^2 T \mathrm{d}s < 0$，如图 5-7 所示。

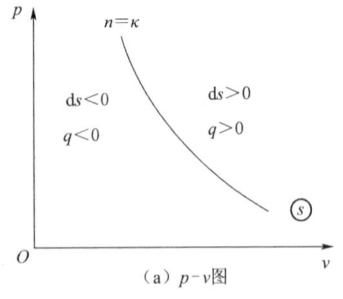

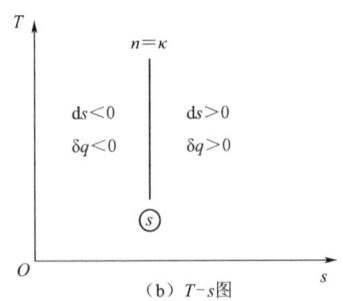

图 5-7　思考题 5-13 答案图——q

(2) $w = \int_1^2 p \mathrm{d}v$，膨胀过程和压缩的分界线在于 $n = \infty$（定容线），

在 $p\text{-}v$ 图往右膨胀（对外做功）$w = \int_1^2 p\mathrm{d}v > 0$，往左压缩（耗功）$w = \int_1^2 p\mathrm{d}v < 0$。在 $T\text{-}s$ 图往左上压缩（耗功）$w = \int_1^2 p\mathrm{d}v < 0$，往右下膨胀（对外做功）$w = \int_1^2 p\mathrm{d}v > 0$，如图 5-8 所示。

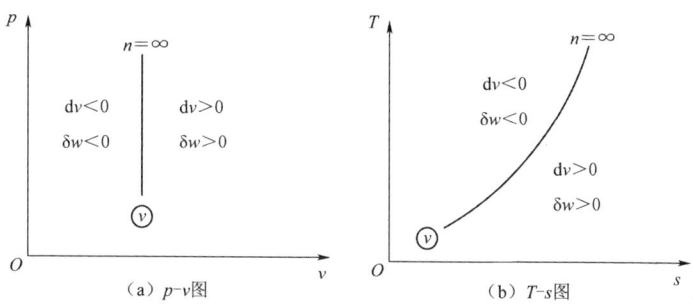

图 5-8 思考题 5-13 答案图——w

（3）$\Delta u = \int_1^2 c_V \mathrm{d}T$，$\Delta h = \int_1^2 c_p \mathrm{d}T$；升温降温分界线在于 $n=1$（定温线），在 $p\text{-}v$ 图往右上升温 $\Delta u = \int_1^2 c_V \mathrm{d}T > 0$，$\Delta h = \int_1^2 c_p \mathrm{d}T > 0$；往左下降温 $\Delta u = \int_1^2 c_V \mathrm{d}T < 0$，$\Delta h = \int_1^2 c_p \mathrm{d}T < 0$。在 $T\text{-}s$ 图往上升温 $\Delta u = \int_1^2 c_V \mathrm{d}T > 0$，$\Delta h = \int_1^2 c_p \mathrm{d}T > 0$，往下降温 $\Delta u = \int_1^2 c_V \mathrm{d}T < 0$，$\Delta h = \int_1^2 c_p \mathrm{d}T < 0$，如图 5-9 所示。

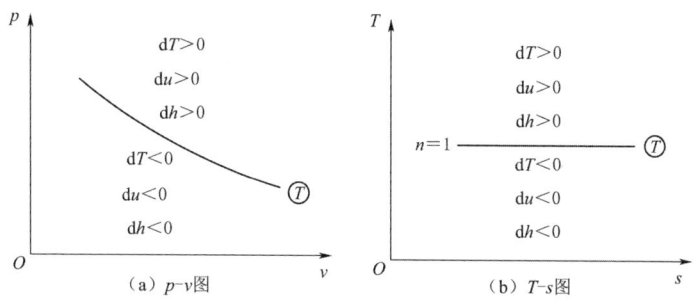

图 5-9 思考题 5-13 答案图——Δu、Δh

【思考题 5-14】 试以可逆绝热过程为例，说明水蒸气的热力过程与理想气体的热力过程的分析计算有什么异同？

答：相同点：都是首先确定初始状态和终了状态，然后计算过程的做功量、热量、热力学能变化量、焓的变化量等，都要满足合热力学第一定律。不同点：理想气体的计算是依靠理想气体状态方程以及功和热量的积分计算式进行计算，而水蒸气是依靠查图查表进行计算。对于理想气体，热力学能和焓是温度的单值函数，而对于水蒸气，热力学能、焓和温度相互独立。

【思考题 5-15】 实际过程都不可逆，那么本章讨论的理想可逆过程有什么意义？

答：实际热力设备中所进行的一切热力过程，或多或少地存在着各种不可逆因素，因此实际过程都是不可逆的。可逆过程是一切实际过程的理想极限，是一切热力设备内过程力求接近的目标。研究理想可逆过程可以使人们把注意力集中到寻求影响系统内热功转换的主要因素上，在理论上有十分重要的意义。

【思考题 5-16】 在分析某建筑物的排气扇把质量流量 q_m，压力为 p_1，温度为 t_1 的空气通过直径为 d 的排气孔排出，排气扇所需最小功率（忽略排气扇两侧的压力差和温差）时，有人取流体团为控制质量，$q = \Delta u + w$，因 $\Delta T = 0$、$q = 0$，所以 $w = 0$。请问是否认同其分析，为什么？

【注】 排气扇管道绝热。

答：不认同，取流体团为研究对象，这是稳定流动开口系统，那么根据稳定流动开口系能量方程 $Q = q_m(h_2 - h_1) + \dfrac{q_m}{2}(c_{f2}^2 - c_{f1}^2) + q_m g(z_2 - z_1) + P$，空气是理想气体，忽略排气扇两侧的温差、压力差、高度差和排气扇散热量，那么 $Q=0$，$g(z_2 - z_1)=0$，$h_2 = h_1$，建筑物内空气速度 $c_{f1} = 0$，因此排气扇的功率 $P = -q_m \dfrac{c_{f2}^2}{2} \neq 0$。

第六章

热力学第二定律

【思考题 6-1】 热力学第二定律能否表达为:"机械能可以全部变为热能,而热能不可能全部变为机械能"? 理想气体进行定温膨胀时,可从单一恒温热源吸入的热量,将之全部转变为功对外输出,是否与热力学第二定律的开尔文叙述有矛盾? 为什么?

答:不能,只要外界留下变化,机械能可以全部变为热能,而热能也是可以全部变为机械能的,例如理想气体定温膨胀过程,$q = \Delta u + w = w$,可从单一恒温热源吸入的热量,将之全部转变为功对外输出。定温膨胀过程和热力学第二定律的开尔文叙述没有矛盾。热力学第二定律的开尔文叙述的内容是:不可能制造出从单一热源吸热,使之全部转化为功而不留下其他任何变化的热力发动机。理想气体定温膨胀,系统对外界做功,外界发生了变化,另外理想气体压力降低,体积增大,留下变化。所以,理想气体定温膨胀与热力学第二定律无矛盾。

【思考题 6-2】 自发过程是不可逆过程,非自发过程必为可逆过程,这一说法是否正确?

答:错误,自然过程中凡是能够独立、无条件地自动进行的过程,称为自发过程,不可逆是自发过程的重要特征和属性。不能独立地自动进行而需要外界帮助作为补充条件的过程,称为非自发过程,非自发过程不一定是可逆过程。比如空调制冷是将热量从低温物体传向高温物体过程,该过程不能独立地自动进行,需要外界帮助作为补充条件,属于非自发过程，同时空调制冷也是实际过程，实际过程都是不可逆过程，因此非自发过程不一定是可逆过程。

【思考题 6-3】 请归纳热力过程中有哪几类不可逆因素？

答：耗散效应和有限势差作用下的非准平衡变化是造成过程不可逆的两大因素。

【思考题 6-4】 试证明热力学第二定律各种说法的等效性：若克劳修斯说法不成立，则开尔文说法也不成立，反之亦然。

证明：反证法。

（1）如图 6-1（a）所示，假定违反开尔文表述，热机 A 从单一热源吸热并且全部转换为功，那么 $Q_1 = W_A$，用热机 A 带动可逆制冷机 B，那么由能量守恒可得：$Q_1' = W_A + Q_2'$，从而 $Q_1' = Q_1 + Q_2'$，即：$Q_1' - Q_1 = Q_2'$。相当于从冷源 T_2 不付代价的将热量 Q_2' 传到热源 T_1，违反克劳修斯的表述。

（2）如图 6-1（b）所示，假定违反克劳修斯的表述，热量 Q_2 不付代价地从冷源 T_2 传到热源 T_1，热机 A 从热源吸热 Q_1 对外作功 W_A，对冷源放热 Q_2，故冷源无变化，$W_A = Q_1 - Q_2$，从热源 T_1 吸收 $Q_1 - Q_2$ 全变成功 W_A，违反开尔文表述。

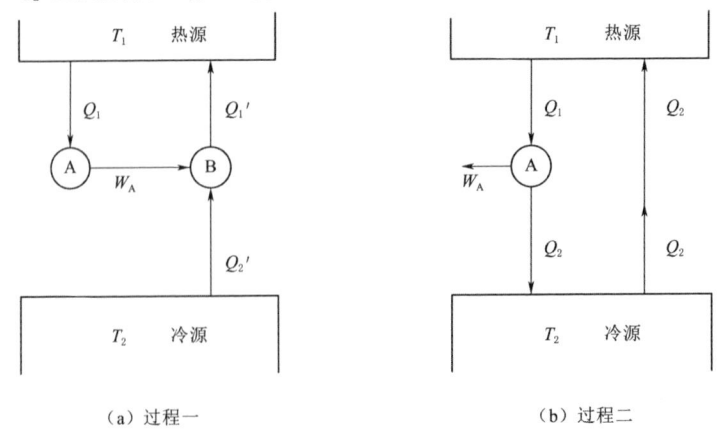

图 6-1 思考题 6-4 答案图

【思考题 6-5】 下述说法是否有错误，并说明理由：

（1）循环净功 W_{net} 愈大则循环热效率愈高。

（2）不可逆循环热效率一定小于可逆循环热效率。

（3）可逆循环热效率都相等，$\eta_t = 1 - \dfrac{T_2}{T_1}$。

答：（1）错误，根据循环热效率公式 $\eta_t = \dfrac{W_{net}}{Q_1}$，循环热效率不仅取决于循环净功，还和吸热量 Q_1 有关，因此，循环净功愈大，其循环热效率愈高是错误的。

（2）错误，在温度同为 T_1 的热源和同为 T_2 的冷源间工作的一切不可逆循环，其热效率必小于可逆循环的热效率。

（3）错误，在相同温度的高温热源和相同温度的低温热源之间工作的一切可逆循环，其热效率都相等。

【思考题 6-6】 循环热效率公式 $\eta_t = \dfrac{q_1 - q_2}{q_1}$ 和 $\eta_t = \dfrac{T_1 - T_2}{T_1}$ 是否完全相同？各适用于哪些场合？

答： 循环热效率公式 $\eta_t = \dfrac{q_1 - q_2}{q_1}$ 适用于任意循环，任意工质；循环热效率公式 $\eta_t = \dfrac{T_1 - T_2}{T_1}$ 适用于两恒温热源的可逆循环，任意工质。

【思考题 6-7】 下列说法是否正确，并且说明理由：

（1）熵增大的过程必定为吸热过程。

（2）熵减小的过程必为放热过程。

（3）定熵过程必为可逆绝热过程。

（4）熵增大的过程必为不可逆过程。

（5）使系统熵增大的过程必为不可逆过程。

（6）熵产 $S_g > 0$ 的过程必为不可逆过程。

答：(1) 错误，根据闭口系熵方程 $\Delta S_{1-2} = \int_1^2 \frac{\delta Q}{T_r} + S_g$，熵增大的过程可以是不可逆绝热过程。

(2) 错误，对于绝热开口容器中的气体，熵减少的过程有可能是绝热漏气过程，不一定是放热过程。

(3) 错误，根据闭口系熵方程 $\Delta S_{1-2} = \int_1^2 \frac{\delta Q}{T_r} + S_g$，定熵过程 $\Delta S_{1-2} = 0$ 可以是不可逆放热过程。

(4) 错误，熵增大的过程可以是可逆过程，也可以是不可逆过程。熵产 $S_g > 0$ 为不可逆过程，$S_g = 0$ 为可逆过程。

(5) 错误，使系统熵增大的过程可以是可逆过程，也可以是不可逆过程。熵产 $S_g > 0$ 为不可逆过程，$S_g = 0$ 为可逆过程。

(6) 正确，由于耗散热产生的熵增量就是熵产。熵产可作为过程不可逆的标志，$S_g > 0$ 为不可逆过程，$S_g = 0$ 为可逆过程。

【思考题 6-8】 下列说法是否有错误，并说明理由：

(1) 不可逆过程的熵变 ΔS 无法计算。

(2) 如果从同一初始态到同一终态有两条途径，一为可逆，另一为不可逆，则 $\Delta S_{\text{不可逆}} > \Delta S_{\text{可逆}}$，$S_{\text{f,不可逆}} > S_{\text{f,可逆}}$，$S_{\text{g,不可逆}} > S_{\text{g,可逆}}$。

(3) 不可逆绝热膨胀终态熵大于初态熵，$S_2 > S_1$，不可逆绝热压缩终态熵小于初态熵 $S_2 < S_1$。

(4) 工质经过不可逆循环有 $\oint ds > 0$，$\oint \frac{\delta q}{T_r} < 0$。

答：(1) 错误，熵是状态参数，熵变的计算与过程无关，不可逆过程熵变 ΔS 也可以计算。

(2) 错误，熵是状态参数，$\Delta S_{\text{不可逆}} = \Delta S_{\text{可逆}}$，不可逆的熵产大于 0，可逆的熵产等于 0，那么 $S_{\text{g,不可逆}} > S_{\text{g,可逆}}$，根据闭口系熵方程 $\Delta S_{1-2} = S_{f,Q} + S_g$，那么 $S_{\text{f,不可逆}} < S_{\text{f,可逆}}$。

（3）错误，不可逆绝热膨胀的终态熵大于初态熵，$S_2 > S_1$，不可逆绝热压缩的终态熵也大于初态熵，$S_2 > S_1$。

（4）错误，熵是状态参数，工质经过不可逆循环有 $\oint \mathrm{d}s = 0$，不可逆循环克劳修斯的积分 $\oint \dfrac{\delta q}{T_r} < 0$。

【思考题 6-9】 从点 a 开始有两个可逆过程：定容过程 a—b 和定压过程 a—c。b、c 两点在同一条绝热线上，问 q_{a-b} 和 q_{a-c} 哪个大？并在 T-s 图上表示过程 a—b 和 a—c 及 q_{a-b} 和 q_{a-c}。

答：过程 a—b、a—c 在 T-s 图上如图 6-2 所示。q_{a-b} 为 $mabnm$ 的面积表示；q_{a-c} 为 $macnm$ 的面积表示。从而由图可知 $q_{a-b} > q_{a-c}$。

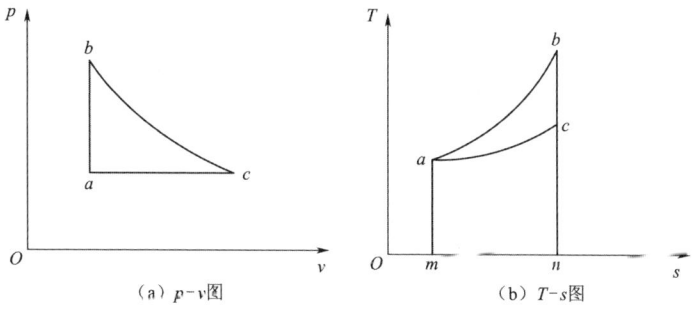

图 6-2 思考题 6-9 答案图

【思考题 6-10】 某种理想气体由同一初态经可逆绝热压缩和不可逆绝热压缩两种过程，将气体压缩到相同的终压，在 p-v 图上和 T-s 图上画出两过程，并在 T-s 图上示出两过程的技术功及不可逆过程的㶲损失。

答：如图 6-3 所示，理想气体由同一初态经可逆绝热压缩过程 1—2_s 和不可逆绝热压缩过程 1—2 两种过程。过程 1—2_s 的技术功为 b—2_s—k—a—b 围成的面积，过程 1—2 的技术功为 c—2—k—a—c 围成的面积。不可逆过程的㶲损失为 1—d—c—b—1 围成的面积。

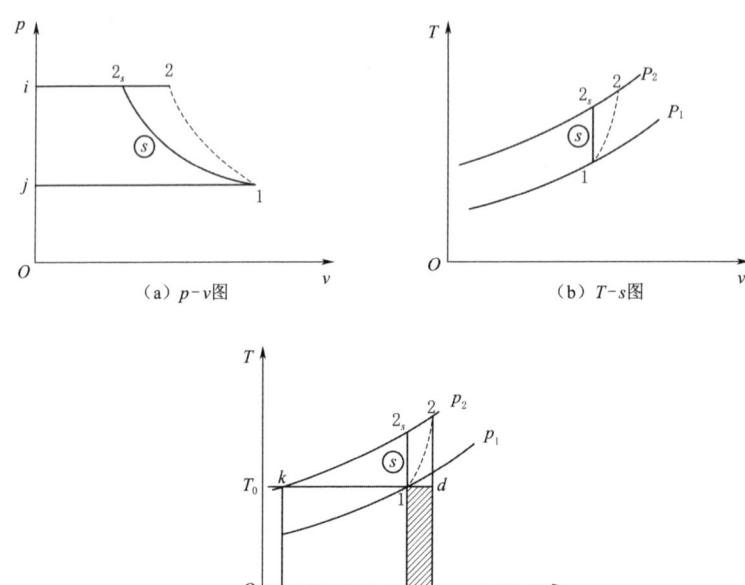

图 6-3　思考题 6-10 答案图

【思考题 6-11】 孤立系统中进行了①可逆过程；②不可逆过程，问孤立系统的总能、总熵、总㶲各如何变化？

答：经历可逆过程，孤立系统中的总能、总熵、总㶲都不变；经历不可逆过程，孤立系统中的总能不变，总熵增加，总㶲减小。

【思考题 6-12】 下列命题是否正确？若正确，说明理由；若错误；请改正。

（1）成熟的苹果从树枝上掉下，通过与大气、地面的摩擦、碰撞，苹果的势能转变为环境介质的热力学能，苹果的势能全部是㶲，过程中全部转变为炕。

（2）在水壶中烧水，必有热量散发到环境大气中，这就是炕，而使水升温的那部分称之为㶲。

（3）一杯热水含有一定的热量㶲，冷却到环境温度，这时的热量就已没有㶲值。

（4）系统的㶲只能减少不能增加。

（5）任一使系统㶲增加的过程必然同时发生一个或多个使㶲减少的过程。

答：（1）错误，成熟的苹果从树枝上掉下，通过与大气、地面的摩擦、碰撞，苹果的势能转变为环境介质的热力学能，苹果的势能全部是㶲，过程中㶲全部转变为做功能力损失，而不是㷻。

（2）错误，在水壶中烧水，由于水壶中水的温度大于大气温度，散发到环境大气的热量不全都是㷻，而使水升温的那部分热量含有㶲，也存在㷻。

（3）错误，热量㶲是过程量，若说某一物系在某一状态下有多少功或者多少的热量，这显然是毫无意义的，错误的。

（4）错误，孤立系统的㶲只能减少不能增加，其他系统的㶲可能增加。

（5）正确，孤立系中进行不可逆的热力过程时，㶲减小，$\Delta E_{x,iso}<0$，极限情况下（可逆过程）㶲保持不变，$\Delta E_{x,iso}=0$，使孤立系㶲增加的过程不可能出现，因此，㶲增大的过程必定同时发生一个或者多个㶲减少的过程。

【思考题 6-13】 闭口系绝热过程中由初态 1 变化到终态 2，则 $w=u_1-u_2$。考虑排斥大气作功，有用功为 $w_u=u_1-u_2-p_0(v_2-v_1)$，但据㶲的概念系统由初态 1 变化到终态 2 可以得到的最大有用功为热力学能㶲差：$w_{u,max}=e_{x,U1}-e_{x,U2}=u_1-u_2-T_0(s_1-s_2)-p_0(v_2-v_1)$。为什么系统由初态 1 可逆变化到终态 2 得到的最大有用功反而小于系统由初态 1 不可逆变化到终态 2 得到的有用功？两者为什么看起来不一致？

答：这是由可逆绝热过程和不可逆绝热过程的终点状态不同导致的。如图 6-4 所示，可逆绝热过程为 $1-2$，不可逆绝热过程为 $1-2'$，考虑排斥大气作功，可逆绝热过程输出的有用功为 $w_u = u_1 - u_2 - p_0(v_2 - v_1)$，对于不可逆绝热过程，由于存在摩擦，导致部分的功转换成为热量被工质吸收，从而导致不可逆绝热过程终态温度提高，$T_{2'} > T_2$。不可逆绝热过程 $1-2'$ 得到的最大有用功 $w_{u,\max} = e_{x,U1} - e_{x,U2'} = u_1 - u_{2'} - T_0(s_1 - s_{2'}) - p_0(v_{2'} - v_1)$，由于两过程的终点状态不同，不能认为系统由初态 1 可逆变化到终态 2 得到的最大有用功反而小于系统由初态 1 不可逆变化到终态 $2'$ 得到的有用功。

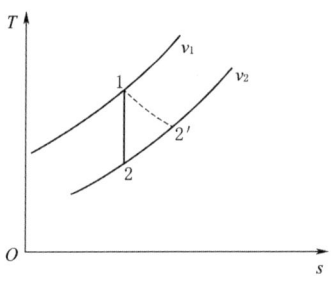

图 6-4　思考题 6-13 答案图

第七章

气体与蒸汽的流动

【思考题 7-1】 对改变气流速度起主要作用的是通道的形状还是气流本身的状态变化？

答：在气体流动过程中，通道形状与气流本身状态变化对改变气流速度都有重要作用。气流在喷管中加速的原因是存在压差，是由于气流本身压力降低、温度降低使气流的焓转化为气流的动能。通道形状变化使气流能在喷管中充分膨胀，达到理想加速效果，同时满足通道的形状和气流本身的状态变化才能使工质得到最理想的加速效果。

【思考题 7-2】 如何用连续性方程解释日常生活的经验：水的流通截面积增大，流速就降低？

答：连续性方程 $\dfrac{dv}{v}=\dfrac{dA}{A}+\dfrac{dc_f}{c_f}$，对于不可压缩流体 $dv=0$，$\dfrac{dA}{A}+\dfrac{dc_f}{c_f}=0$，故截面面积 A 与流速 c_f 成反比，管截面收缩时流速增大，比如消防水喷头 [图 7-1 (a)]。水的流通截面积增大，流速就降低，例如花洒喷头 [图 7-1 (b)]。

(a) 消防水喷头　　　　(b) 花洒喷头

图 7-1　思考题 7-2 附图

【思考题 7-3】 在高空飞行可达到高超音速的飞机在海平面上是否能达到相同的高马赫数？

答：在高空飞行，由于温度较低，当地声速 c 较小，在低空飞行，温度较高，当地声速 c 较大，因此，相同的飞行速度 c_f，在高空 Ma 较低空的要高。因此在高空飞行可达到高超音速的飞机在海平面上不能达到相同的高马赫数。

【思考题 7-4】 当气流速度分别为亚声速和超声速时，下列形状的管道（图 7-2）宜于作喷管还是宜于作扩压管？

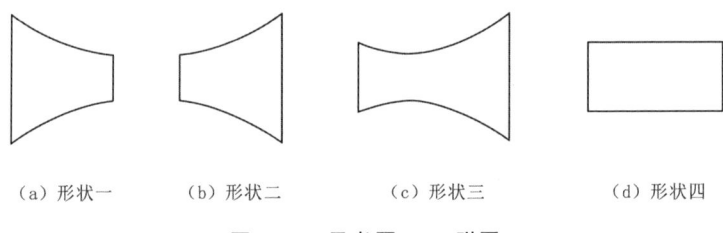

(a) 形状一　　(b) 形状二　　(c) 形状三　　(d) 形状四

图 7-2　思考题 7-4 附图

答：根据 $\dfrac{dA}{A}=(Ma^2-1)\dfrac{dc_f}{c_f}$，当气流速度为亚声速，那么图 7-2 (a) 宜用于做喷管，图 7-2 (b) 宜用于做扩压管，图 7-2 (c) 宜用于做喷管，图 7-2 (d) 既不适合用于做喷管，也不适合做扩压管。当气流速度为超声速，那么图 7-2 (a) 宜用于做扩压管，图 7-2 (b) 宜用于做喷管，图 7-2 (c) 宜用于做扩压管，图 7-2 (d) 既不适合用于做喷管，也不适合做扩压管。

【思考题 7-5】 当有摩擦损耗时，喷管的流出速度同样可用 $c_{f2}=\sqrt{2(h_0-h_2)}$ 来计算，似乎与无摩擦损耗时相同，那么，摩擦损耗表现在哪里呢？

答：当有摩擦损耗时，喷管的流出速度 $c_{f2}=\sqrt{2(h_0-h_2)}$ 虽然可用来计算,但是有摩擦损耗时,出口温度提高,h_2 增加,出口速度 c_{f2} 减小。

【思考题 7-6】 考虑摩擦损耗时,为什么修正喷管出口截面上速度后还要修正温度?

答:存在摩擦损耗时,喷管出口的速度降低,出口温度 $T_{2'}=T_0-\dfrac{c_{f2'}^2}{2c_p}$,同时导致工质的出口温度升高,因此,修正喷管出口截面上速度后还要修正温度。

【思考题 7-7】 考虑喷管内流动的摩擦损耗时,动能损失是不是就是流动不可逆损失?为什么?

答:喷管绝热膨胀和不可逆绝热膨胀的 $T-s$ 图和 $p-v$ 图如图 7-3 所示。

对于喷管的动能的损失:$\dfrac{1}{2}(c_{f2}^2-c_{f2'}^2)=(h_{2'}-h_2)=(h_1-h_2)-(h_1-h_{2'})=\Delta w_t$ 可用面积 2—2′—6—5—2 表示,对于喷管的不可逆损失 $i=T_0 s_g=T_0(s_{2'}-s_1)$,可用面积 5—6—7—8—5 表示,显然动能损失不是流动不可逆损失。

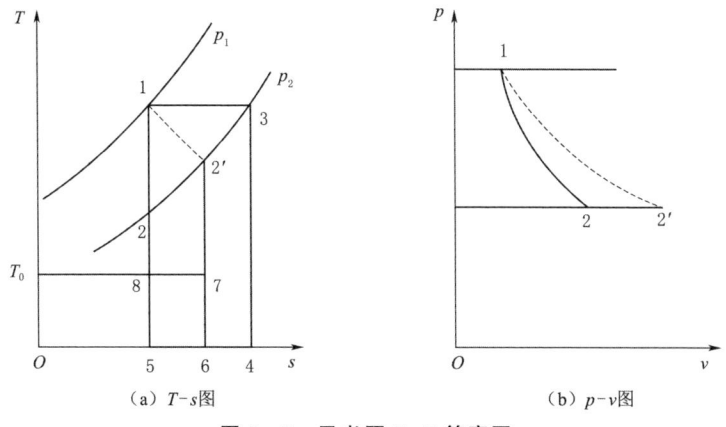

(a) $T-s$ 图　　　　　(b) $p-v$ 图

图 7-3　思考题 7-7 答案图

【思考题 7-8】 如图 7-4 所示，图 7-4（a）为渐缩喷管，图 7-4（b）为缩放喷管。设两喷管工作背压均为 0.1MPa，进口截面压力均为 1MPa，进口流速 c_{f1} 可忽略不计。

（1）若两喷管最小截面积相等，问两喷管的流量、出口截面流速和压力是否相同？

（2）假如沿截面 2-2′切去一段，将产生哪些后果？出口截面上的压力、流速和流量将起什么变化？

【注】 临界压力比 v_{cr} 约等于 0.5。

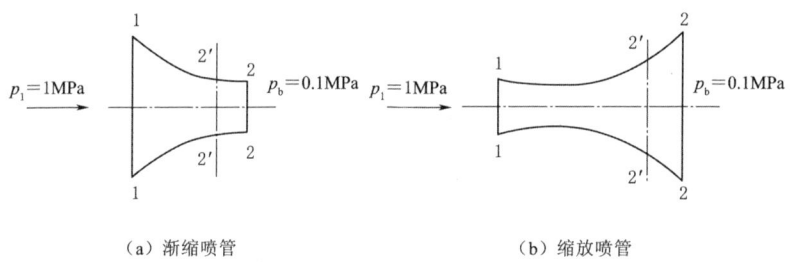

（a）渐缩喷管　　　　　　　　（b）缩放喷管

图 7-4　思考题 7-8 附图

答：（1）由于进口流速忽略不计，$p_0 = p_1 = 1\text{MPa}$，那么 $p_{cr} = p_0 v_{cr} > p_b = 0.1\text{MPa}$，对于渐缩喷管出口压力 $p_2 = p_{cr}$，出口速度 $c_{f2} = c_{f,cr}$，流量 $q_m = \dfrac{A_2 c_{f,cr}}{v_{cr}} = \dfrac{A_{\min} c_{f,cr}}{v_{cr}}$。对于缩放喷管出口的压力 $p_2 = p_b < p_{cr}$，出口速度 $c_{f2} > c_{f,cr}$，流量 $q_m = \dfrac{A_{cr} c_{f,cr}}{v_{cr}} = \dfrac{A_{\min} c_{f,cr}}{v_{cr}}$，因为渐缩喷管和缩放喷管最小截面积相等，因此两喷管的流量 q_m 相同，缩放喷管的出口流速较大，渐缩喷管的出口压力较大。

（2）沿截面 2′-2′切去一段，对于渐缩喷管出口压力 $p_{2'} = p_{cr}$ 不变，出口速度 $c_{f2'} = c_{f,cr}$ 不变，由于 $A_{2'}$ 增大，流量 $q'_m = \dfrac{A_{2'} c_{f,cr}}{v_{cr}} > q_m$ 变大；对于缩放喷管，出口截面积 $A_{2'}$ 减小，缩放喷管出口没有足够大的截面积让气体充分膨胀到背压 $p_b = 0.1\text{MPa}$，因此出口的压力 $p_{2'} > p_b$ 增

大，出口速度 $c_{f2'} < c_{f2}$ 减小，进口参数不变，喉部的参数不变，并且喉部的截面积不变，流量 $q'_m = \dfrac{A_{cr} c_{f,cr}}{v_{cr}} = q_m$ 不变。

【思考题 7-9】 既然节流过程不可逆，为何在推导节流微分效应 μ_J 时可利用 $\mathrm{d}h = 0$？

答：节流过程中虽然不可逆，但是焓值和温度都是状态参数，与过程无关，因此在推导节流微分效应 μ_J 时可利用 $\mathrm{d}h = 0$。

【思考题 7-10】 既然绝热节流前后焓值不变，为什么作功能力有损失？

答：做功能力损失与熵产有关，节流过程不可逆，因此存在熵产，因此有做功能力损失，与焓值是否不变没有关系。

【思考题 7-11】 多股气流汇合成一股混合气流称为合流，请导出各股支流都是理想气体的混合气流温度表达式。混合气流的熵值是否等于各股支流熵值之和，为什么？应该怎么计算？

答：各股支流都是理想气体，同时忽略合流的动能和势能的变化，根据稳定流动开口系能量方程

$$m_1 c_{p1}(T - T_1) + m_2 c_{p2}(T - T_2) + \\ m_3 c_{p3}(T - T_3) + \cdots + m_n c_{pn}(T - T_n) = 0$$

混合气流温度表达式为

$$T = \frac{m_1 c_{p1} T_1 + m_2 c_{p2} T_2 + m_3 c_{p3} T_3 + \cdots + m_n c_{pn} T_n}{m_1 c_{p1} + m_2 c_{p2} + m_3 c_{p3} + \cdots + m_n c_{pn}}$$

混合过程是不可逆的过程，产生熵产，混合气流的熵值应大于各股支流熵值之和。

混合气流的熵值应该等于各股支流熵值与混合过程产生的熵产之和。

【思考题 7-12】 刚性容器内湿空气温度保持不变而充入干空气，问容器内空气的 φ、d、p_v 如何变化？湿空气节流后，p_v、φ、d、h 如何变化？若封闭气缸内的湿空气定压升温，问湿空气的 φ、d、h 如何变化？

答：(1) 由于充入的是干空气，m_a 增加，m_v 不变，那么 $d=\dfrac{m_v}{m_a}$ 减小；干球温度 t 不变，p_s 不变，而由于水蒸气物质的量 n_v 不变，因此，p_v 不变，从而，$\varphi=\dfrac{p_v}{p_s}$ 不变。

(2) 湿空气节流，根据质量守恒定律，m_a 不变，m_v 不变，因此 $d=\dfrac{m_v}{m_a}$ 不变，x_a 不变，x_v 不变，总压力 p 下降，因此 $p_v=x_v p$ 减小，节流后 h 不变，对于理想气体混合物，温度 t 不变，即 p_s 不变，从而 $\varphi=\dfrac{p_v}{p_s}$ 减小。

(3) 若封闭气缸内的湿空气定压升温，m_a 不变，m_v 不变，因此 $d=\dfrac{m_v}{m_a}$ 不变，p_v 不变，而由于温度 t 升高，那么 h 增加，p_s 增大，从而 $\varphi=\dfrac{p_v}{p_s}$ 减小。

【思考题 7-13】 湿空气加湿除喷水外还可以喷蒸汽，请写出喷蒸汽加湿的质量守恒方程和能量守恒方程，并将过程示意表示在 $h\text{-}d$ 图上。

答：根据质量守恒，喷入水的质量等于湿空气水蒸气的流量增加量，那么 $q_{m,v}=m_{v2}-m_{v1}=q_{m,a}(d_2-d_1)$；

喷水蒸气是绝热加湿过程，根据能量守恒定律，那么 $H_1+H_v=H_2$，$q_{m,a}h_1+q_{m,a}(d_2-d_1)h_v=q_{m,a}h_2$，从而 $h_1+(d_2-d_1)h_v=h_2$。

喷蒸汽加湿 1—2 过程的 $h\text{-}d$ 图如图 7-5 所示。

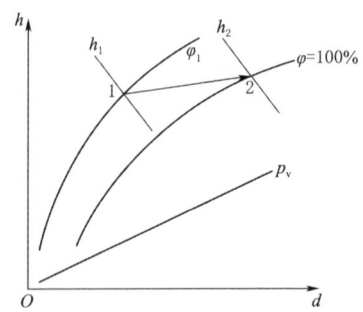

图 7-5 喷蒸汽加湿 1—2 过程的 $h\text{-}d$ 图

第七章　气体与蒸汽的流动

【思考题 7-14】 有人说热水流经冷却塔后，温度可以降到低于冷却塔的进气温度（即环境大气温度）对不对？为什么？

答：对，因为冷却塔的热水用湿空气冷却时，冷却塔的热水温度不断下降，最终会和进口的湿空气的温度一致，这时湿空气不断加进来，水吸收汽化潜热变成水蒸气，导致温度越来越低，湿空气中的水蒸气越来越多，最终达到饱和，这时湿空气中的温度可达到湿球温度，因而冷却塔降温的温度极限是湿球温度。

【思考题 7-15】 某项工程中需使用高纯度的氮气，为防止因杂质水蒸气冻结而堵塞管道，要求该气体在 0.1MPa 条件下的露点不高于 $-40℃$。测试过程在 0.2MPa 下进行，测得露点为 $-50℃$，请问这批气体是否合格？为什么？

答：合格。在 0.2MPa 下的露点为 $-50℃$，压力越高，对应的分压力 p_v 越大，露点温度越高，在 0.1MPa 下的露点小于 0.2MPa 下的露点 $-50℃$，显然不高于 $-40℃$，所以合格。

【思考题 7-16】 我国大部分地区水资源不足，严重制约我国经济发展和人民生活提高。冷却塔是利用蒸发冷却原理，使热水降温以获得工业用循环冷却水的节水装置。所以我国缺水地区，甚至像地处江南水乡的上海地区也在火力发电厂建设冷却塔达到节水和降低热污染的目的。为了进一步节水，有些地方利用强电场让已蒸发到空气中的水蒸气凝结，回收。你对此有什么看法？

答：从火力发电厂冷却塔蒸发出来的水雾是由无数微小水粒构成。当这些微小水粒子经过高压电场时被荷电并成为带电水粒子。在电场的作用下，荷电微水粒子向异性电极移动并最终到达异性电极，当到达电极的荷电微水粒子到一定浓度时，形成水薄膜直至开始流动，这样可以用容器或管道回收这些在电极上的水。电极可以设在冷却塔内部或冷却塔的外部，这种方法能够很好地节约发电厂因蒸发而造成的水耗。

【注】 荷电是指对于导电性能不好的样品（如半导体材料、绝缘体薄膜）在电子束的作用下，其表面会产生一定的负电荷积累。

第八章 压气机的热力过程

【思考题 8-1】 利用人力打气筒为车胎打气时用湿布包裹气筒的下部，会发现打气时轻松了一点，工程上压气机气缸常以水冷却或气缸上有肋片，为什么？

答：因为定温压缩耗功最小，压缩过程多变指数 n 越小，耗功越小。利用人力打气筒为车胎打气时用湿布包裹气筒的下部，工程上压气机气缸常以水冷却或气缸上有肋片，都是为了使压缩过程的多变指数 n 下降，趋近于定温过程以减少压气机耗功。

【思考题 8-2】 压气机按定温压缩时，气体对外放出热量，放热量须由输入的外功转换而来，而按绝热压缩时，不向外放热，为什么定温压缩反较绝热压缩更为经济？

答：如图 8-1 所示，定温压缩所消耗的功最小，同时定温压缩过程终态的比体积较小，可以采用较小的储气筒，因此定温压缩是最经济的。绝热压缩过程消耗的功最大，同时绝热压缩过程终态的比体积较大，需要体积较大的储气筒，这是不利的。因此定温压缩比绝热压缩更经济。

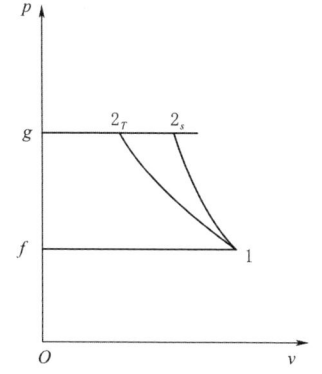

图 8-1　思考题 8-2 答案图

【思考题 8-3】 既然余隙容积具有不利影响，是否可能完全消除它？为什么？

答：不能，余隙容积是因为制造公差、金属材料的热膨胀及安装进排气阀等零件的需要，当活塞运动到上死点位置时，在活塞顶面与气缸盖间留有一定的空隙，如果消除它，则会导致活塞和气缸产生碰撞，损坏压气机。

【思考题 8-4】 活塞式压气机生产高压气体为什么要采用多级压缩及级间冷却的工艺？如果由于应用气缸冷却水套以及其他冷却的方法，气体在压气机气缸中已经能够按定温过程进行压缩，这时是否还需要采用分级压缩？为什么？

答：多级压缩及级间冷却的优点：降低压气机的排气温度，减少压气机的耗功量，提高容积效率，有利于压气机的曲轴平衡。定温压缩能降低排气温度，减少耗功量，但是多级压缩能减少余隙容积的有害影响，提高容积效率，有利于压气机的曲轴平衡，因此，即使能够实现定温压缩，还需要采用分级压缩。

【思考题 8-5】 压气机所需要的功可从热力学第一定律能量方程式导出，试导出定温、多变、绝热压缩压气机所需要的功并用 $T-s$ 图上面积表示其值。

答：如图 8-2 所示，定温压缩过程：$pv = R_g T = $ 常数，那么定温压缩过程 $1\text{—}2_T$ 的耗功 $w_{C,T} = -\int_1^2 v \, dp = -pv \int_1^2 \frac{dp}{p} = -pv \ln \frac{p_2}{p_1} = R_g T \ln \frac{p_1}{p_2}$，多变压缩过程：$pv^n = $ 常数，那么 $w = \int_1^2 p \, dv = pv^n \int_1^2 \frac{dv}{v^n} = pv^n \frac{1}{1-n} v^{-n+1} \Big|_1^2 = \frac{1}{1-n}(p_2 v_2 - p_1 v_1) = \frac{p_1 v_1 - p_2 v_2}{n-1}$，那么多变压缩过程 $1\text{—}2_n$ 的耗功：$w_{C,n} = w - \Delta(pv) = \frac{p_1 v_1 - p_2 v_2}{n-1} - (p_2 v_2 - p_1 v_1) = $

$\dfrac{n}{n-1}(p_1v_1 - p_2v_2) = \dfrac{n}{n-1}R_g(T_1 - T_2)$;可逆绝热压缩过程:$pv^\kappa =$ 常数,那么 $w = \int_1^2 p\,dv = pv^\kappa \int_1^2 \dfrac{dv}{v^\kappa} = pv^\kappa \dfrac{1}{1-\kappa}v^{-\kappa+1}\Big|_1^2 = \dfrac{1}{1-\kappa}(p_2v_2 - p_1v_1) = \dfrac{p_1v_1 - p_2v_2}{\kappa - 1}$,那么可逆绝热压缩过程 $1-2_s$ 的耗功:$w_{C,s} = w - \Delta(pv) = \dfrac{p_1v_1 - p_2v_2}{\kappa - 1} - (p_2v_2 - p_1v_1) = \dfrac{\kappa}{\kappa - 1}(p_1v_1 - p_2v_2) = \dfrac{\kappa}{\kappa-1}R_g(T_1 - T_2)$。

定温压缩 $1-2_T$ 耗功可用面积 $12_T mn1$ 表示;多变压缩 $1-2_n$ 耗功可用面积 $12_n 2_T mn1$ 表示。可逆绝热压缩 $1-2_s$ 耗功可用面积 $12_s 2_T mn1$ 表示。

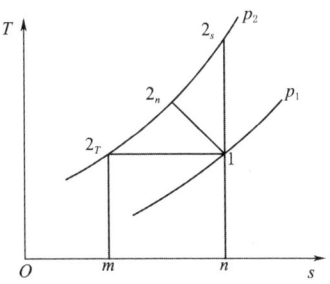

图 8-2 思考题 8-5 答案图

【思考题 8-6】 叶轮式压气机不可逆绝热压缩比可逆绝热压缩多耗功可用图 8-3 上面积 $m2_s 2'nm$ 表示,这是否即是此不可逆过程的作功能力损失?为什么?

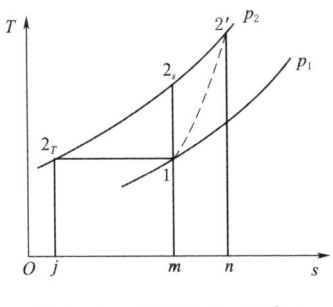

图 8-3 思考题 8-6 附图   图 8-4 思考题 8-6 答案图

答:压气机不可逆绝热压缩比可逆绝热压缩多耗的功可用图 8-3 中面积 $m2_s 2'nm$ 表示;不可逆过程的作功能力损失可用图 8-4 中面积

$m1anm$ 表示，显然两面积不相等。叶轮式压气机不可逆绝热压缩比可逆绝热压缩多耗功大于不可逆过程的作功能力损失。

【思考题 8-7】 如图 8-5 所示的压缩过程 1—2 若是可逆的，则这一过程是什么过程？它与不可逆绝热压缩过程 1—2 的区别何在？两者之中哪一过程消耗的功大？大多少？

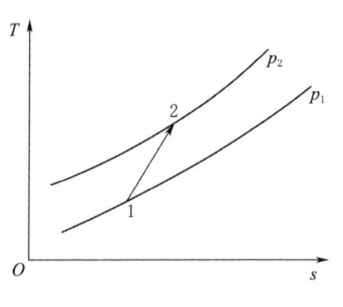

图 8-5 思考题 8-7 附图

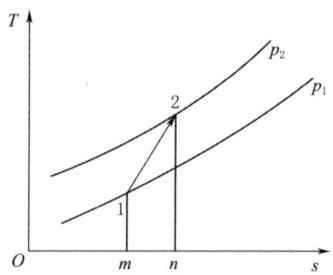

图 8-6 思考题 8-7 答案图

答：若压缩过程 1—2 是可逆的，则为升温、升压、吸热、耗功的过程。它与不可逆绝热压缩过程的区别为：①可逆过程和不可逆过程的区别；②吸热过程和绝热过程的区别。可逆吸热过程没有不可逆因素的影响，所消耗的功是最小的。根据热力学第一定律 $q = \Delta h - w_C$，对于可逆吸热压缩过程 $w_C = \Delta h - q$，不可逆绝热压缩过程 $w'_C = \Delta h' - q' = \Delta h'$，由于 $\Delta h' = \Delta h$，所以 $w'_C - w_C = q = \int_1^2 T ds$。多耗的功在图 8-6 的 T-s 图中可用面积 $12nm1$ 表示。

第九章

气体动力循环

【思考题 9-1】 试以具有相同压缩比和循环放热量为条件，比较活塞式内热机混合加热理想循环、定容加热的理想循环和定压加热的理想循环热效率的大小。

答：如图 9-1 所示，1—2—3—4—1 为定容加热理想循环；1—2—a—3′—4—1 为混合加热理想循环；1—2—3″—4—1 为定压加热理想循环。循环的放热量 q_2 相同，从 T-s 图上可以看出，三种循环吸热量 q_1 不同，面积 $m23nm$ > 面积 $m2a3′nm$ > 面积 $m23″nm$，即 q_{1V} > q_{1m} > q_{1p}，由 $\eta_t = 1 - \dfrac{q_2}{q_1}$，三种理想循环热效率之间的关系为：$\eta_{tV}$ > η_{tm} > η_{tp}。在初始状态相同，压缩比相同循环，放热量相同的条件下，定容加热理想循环的热效率最高，混合加热理想循环次之，而定压加热理想循环最低。

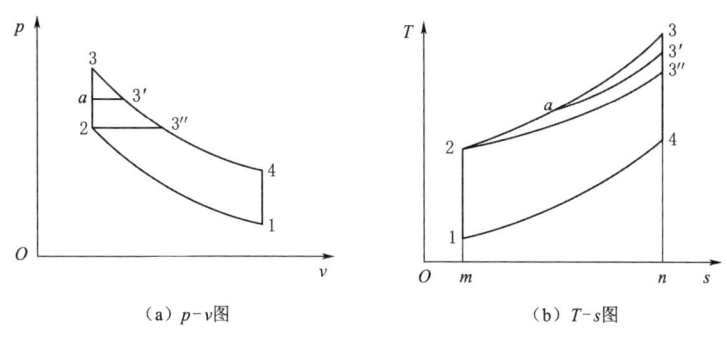

图 9-1 思考题 9-1 答案图

【思考题 9-2】 从内燃机循环的分析、比较发现各种理想循环在加热前都有绝热压缩过程，这是否是必然的？

答：不是必然的，例如斯特林内燃机循环就没有绝热压缩过程。

【思考题 9-3】 卡诺定理指出两个恒温热源之间工作的热机以卡诺机的热效率最高，为什么斯特林循环的热效率和卡诺循环的热效率一样？

答：卡诺定理一指出，在相同温度的高温热源和相同温度的低温热源之间工作的一切可逆循环，其循环热效率都相同，与可逆循环的种类无关，与采用哪一种工质无关。斯特林循环和卡诺循环一样，是在相同温度的高温热源和相同温度的低温热源之间工作的可逆循环，因此斯特林循环的热效率和卡诺循环的热效率一样。

【思考题 9-4】 根据卡诺定理和卡诺循环，热源温度越高，循环热效率越大，燃气轮机装置工作为什么要用二次冷却空气与高温燃气混合，使混合气体降低温度，再进入燃气轮机？

答：因为高温燃气的温度过高，燃气轮机的叶片无法承受这么高的温度，所以为了保护燃气轮机，要将燃气降低温度后再引入装置工作。同时加入大量二次空气，大大增加了燃气的流量，同时还可以增加燃气轮机的做功量。

【思考题 9-5】 卡诺定理指出热源温度越高循环热效率越高。定压加热理想循环（布雷顿循环）的循环增温比 τ 高，循环的最高温度就越高，但为什么布雷顿循环的热效率与循环增温比 τ 无关而取决于循环增压比 π？

答：提高循环增温比 τ，可以有效提高循环的平均吸热温度 $\overline{T_1}$，但同时也提高了循环的平均放热温度 $\overline{T_2}$，吸热过程和放热过程均为定压过程，$\overline{\dfrac{T_2}{T_1}}$ 不变，因此循环热效率 $\eta_t = 1 - \overline{\dfrac{T_2}{T_1}}$ 不变，定压加热理想循环的热效率与循环增温比 τ 无关。但提高循环增压比 π，循环平均吸热温度提高，循环平均放热温度降低，因此循环的热效率 $\eta_t = 1 - \overline{\dfrac{T_2}{T_1}}$ 提高。

【思考题 9-6】 试以活塞式内燃机和定压加热燃气轮机装置为例，总结分析动力循环的一般方法。

答： 分析动力循环的一般方法，首先，应用"空气标准假设"把实际问题抽象概括成内可逆理论循环，分析该理论循环，找出影响循环热效率的主要因素以及提高该循环效率的可能措施，以指导实际循环的改善；然后，分析实际循环与理论循环的偏离程度，找出实际损失的部位、大小、原因及提出改进办法。

【思考题 9-7】 内燃机定容加热理想循环和燃气轮机装置定压加热理想循环热效率分别为 $\eta_t = 1 - \dfrac{1}{\varepsilon^{\kappa-1}}$ 和 $\eta_t = 1 - \dfrac{1}{\pi^{(\kappa-1)/\kappa}}$。若两者初态相同，压缩比相同，它们的热效率是否相同？为什么？若卡诺循环的压缩比与它们相同，则热效率如何？为什么？

答： 若两者初态相同，压缩比相同，它们的热效率相同。因为循环增压比 $\pi = \dfrac{p_2}{p_1}$，压缩比 $\varepsilon = \dfrac{v_1}{v_2}$，对于定压加热理想循环来说，1—2 过程为定熵压缩过程，$\dfrac{p_2}{p_1} = \left(\dfrac{v_1}{v_2}\right)^{\kappa}$，即 $\pi = \varepsilon^{\kappa}$，$\eta_t = 1 - \dfrac{1}{\pi^{(\kappa-1)/\kappa}} = 1 - \dfrac{1}{(\varepsilon^{\kappa})^{(\kappa-1)/\kappa}} = 1 - \dfrac{1}{\varepsilon^{\kappa-1}}$，两者的热效率相等。对于卡诺循环来说，$\dfrac{T_H}{T_L} = \left(\dfrac{v_1}{v_2}\right)^{\kappa-1} = \varepsilon^{\kappa-1}$，卡诺循环的热效率为 $\eta_c = 1 - \dfrac{T_L}{T_H} = 1 - \dfrac{1}{\varepsilon^{\kappa-1}}$，所以卡诺

循环和它们的效率相等。

【思考题 9-8】 活塞式内燃机循环理论上能否利用回热来提高热效率？实际中是否采用？为什么？

答：理论上可以利用回热来提高活塞式内燃机的热效率，原因是减少了循环的吸热量，而循环净功没变，因此热效率提高。实际的内燃机增加回热装置会导致内燃机的结构复杂、制造和维护成本较高、运行的可靠性下降、同时实际的内燃机增加回热装置热效率提升有限，因此实际的内燃机不采用回热来提高热效率。

【思考题 9-9】 燃气轮机装置循环中，压缩过程若采用定温压缩可减少压缩所消耗的功，因而增加了循环净功（图 9-2），但在没有回热的情况下循环热效率为什么反而降低，试分析之。

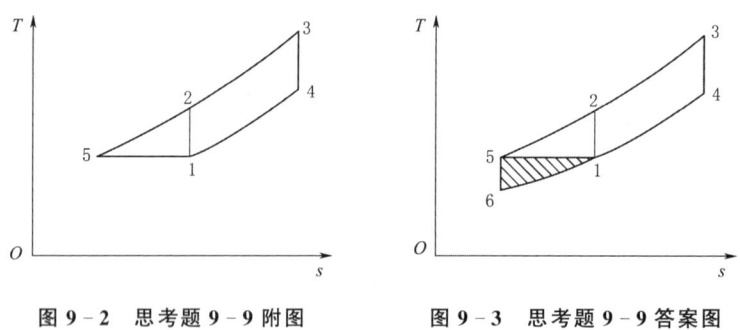

图 9-2　思考题 9-9 附图　　图 9-3　思考题 9-9 答案图

答：如图 9-3 所示，令循环 1—2—3—4—1 为 A 循环，循环 1—5—3—4—1 为 B 循环，循环 6—5—3—4—6 为 C 循环，可知 $\eta_{t,A} = \eta_{t,C}$。C 循环的吸热量等于 B 循环的吸热量 $q_{1,B} = q_{1,C}$，C 循环的净功量大于 B 循环的净功量 $w_{net,C} > w_{net,B}$，那么 $\eta_{t,C} > \eta_{t,B}$，即 $\eta_{t,C} = \eta_{t,A} > \eta_{t,B}$。因此，燃气轮机装置循环中，压缩过程采用定温压缩可增加循环净功，但在没有回热的情况下循环热效率反而降低。

【思考题 9-10】 燃气轮机装置循环中，膨胀过程在理想极限情况下采用定温膨胀，可增大膨胀过程作出的功，因而增加了循环净功（图 9-4），但在没有回热的情况下循环热效率反而降低，为什么？

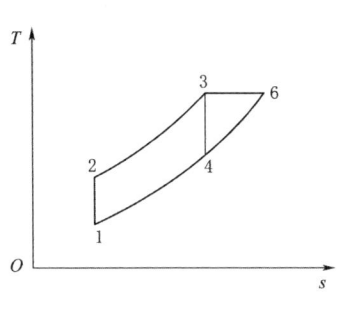

图 9-4 思考题 9-10 附图　　图 9-5 思考题 9-10 答案图

答：如图 9-5 所示，令循环 1—2—3—4—1 为 A 循环，循环 1—2—3—6—1 为 B 循环，循环 1—2—5—6—1 为 C 循环，可知 $\eta_{t,A} = \eta_{t,C}$。C 循环的放热量等于 B 循环的放热量 $q_{2,B} = q_{2,C}$，C 循环的净功量大于 B 循环的净功量 $w_{net,C} > w_{net,B}$，根据 $\eta_t = \dfrac{w_{net}}{q_1} = \dfrac{w_{net}}{q_2 + w_{net}} = \dfrac{1}{\dfrac{q_2}{w_{net}} + 1}$，在相同的放热量情况下，净功越大，循环热效率越大，那么 $\eta_{t,C} > \eta_{t,B}$，即 $\eta_{t,C} = \eta_{t,A} > \eta_{t,B}$。因此，燃气轮机装置循环中，膨胀过程采用定温膨胀可增加循环净功，但在没有回热的情况下循环热效率反而降低。

【思考题 9-11】 燃气轮机装置循环中，压气机耗功占燃气轮机输出功的很大部分（约 60%），为什么广泛应用于飞机、舰船等场合？

答：因为燃气轮机是一种旋转式热力发动机，没有往复运动部件以及由此引起的不平衡惯性力，故可以设计成很高的转速，并且工作是连续的，因此，它可以在重量和尺寸都很小的情况下发出很大的功率，而这正是飞机、舰船对发动机的要求，因此燃气轮机广泛应用于飞机、舰船等场合。

【思考题 9-12】 加力燃烧涡轮喷气式发动机是在喷气式发动机尾喷管入口前装有加力燃烧用的喷油嘴的喷气发动机，需要突然提高飞行速度时此喷油嘴喷出燃油，进行加力燃烧，增大推力，其理论循环 1—2—3—5—6—7—1（图 9-6）的热效率比定压燃烧喷气式发动机循环 1—2—3—4—1 的热效率提高还是降低？为什么？

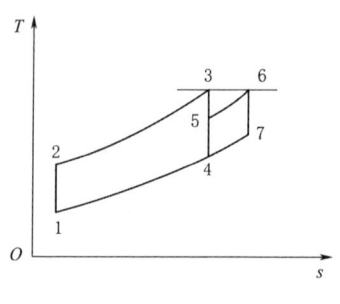

图 9-6 思考题 9-12 附图　　图 9-7 思考题 9-12 答案图

答： 如图 9-7 所示，令循环 1—2—3—4—1 为 A 循环，循环 1—2—3—5—6—7—1 为 B 循环，循环 1—2—8—7—1 为 C 循环，可知 $\eta_{t,A}=\eta_{t,C}$。C 循环的放热量等于 B 循环的放热量 $q_{2,B}=q_{2,C}$，C 循环的净功量大于 B 循环的净功量 $w_{net,C}>w_{net,B}$，根据 $\eta_t=\dfrac{w_{net}}{q_1}=\dfrac{w_{net}}{q_2+w_{net}}=\dfrac{1}{\dfrac{q_2}{w_{net}}+1}$ 那么相同的放热量，净功越大，循环热效率越大，故 $\eta_{t,C}>\eta_{t,B}$，即 $\eta_{t,C}=\eta_{t,A}>\eta_{t,B}$。因此，理论循环 1—2—3—5—6—7—1 的热效率比定压燃烧喷气式发动机循环 1—2—3—4—1 的热效率降低。

【思考题 9-13】 有一燃气轮机装置，其流程示意图如图 9-8 所示。它由一台压气机产生压缩空气，而后分两路进入两个燃烧室燃烧。燃气分别进入两台燃气轮机，其中燃气轮机 Ⅰ 发出的动力全部供给压气机，另一台燃气轮机Ⅱ发出的动力则为输出的净功率。设气体工质进入燃气轮机Ⅰ和Ⅱ时状态相同，两台燃气轮机的相对内效率也相同，试问这样的方案和图9-9所示的方案相比较（压气机的绝热效率 $\eta_{C,s}$ 和燃气轮机的相对内效率 η_T 都相同），在热力学效果上有何差别？装置的热效率有何区别？

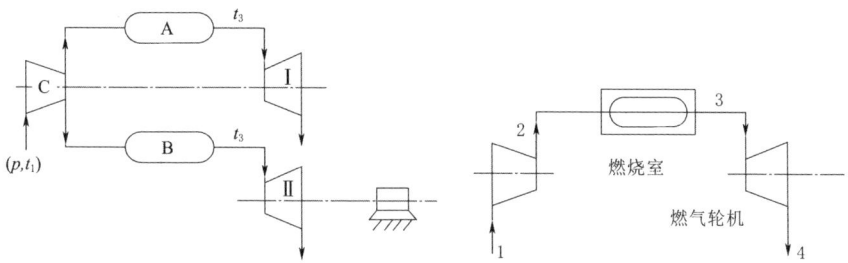

图9-8 思考题9-13附图1　　图9-9 思考题9-13附图2

答：原方案：循环吸热量为 $Q_1 = m(h_3 - h_2)$，循环功量为 $w_{net} = w_T - w_C = m[(h_3 - h_4) - (h_2 - h_1)]$

题中方案：循环吸热量为 $Q'_1 = m_A(h_3 - h_2) + m_B(h_3 - h_2) = m(h_3 - h_2) = Q_1$

对于此方案 $m_A(h_3 - h_4) = m(h_2 - h_1)$

循环净功：$w'_{net} = m_B(h_3 - h_4) = (m - m_A)(h_3 - h_4) = m(h_3 - h_4) - m_A(h_3 - h_4)$

那么 $w'_{net} = m(h_3 - h_4) - m(h_2 - h_1) = m[(h_3 - h_4) - (h_2 - h_1)] = w_{net}$，所以这两种方案的循环吸热量和循环净功均相等，因此它们的热力学效果和热效率均相同。

第十章

蒸汽动力装置循环

【思考题 10-1】 干饱和蒸汽朗肯循环（图 10-1 中循环 6—7—3—4—5—6）与同样初压力下的过热蒸汽朗肯循环（图 10-1 中循环 1—2—3—4—5—6—1）相比较，前者更接近卡诺循环，但热效率却比后者低，如何解释此结果？

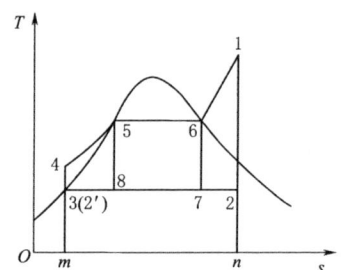

图 10-1 思考题 10-1 附图

答：对于可逆循环热效率 $\eta_t = 1 - \dfrac{\overline{T_2}}{\overline{T_1}}$，循环 6—7—3—4—5—6 与循环 1—2—3—4—5—6—1 平均放热温度 $\overline{T_2}$ 相同，但是循环 6—7—3—4—5—6 的平均吸热温度小于循环 1—2—3—4—5—6—1 的平均吸热温度，因此循环 6—7—3—4—5—6 的热效率小于循环 1—2—3—4—5—6—1 的热效率。

【思考题 10-2】 20 世纪 20—30 年代，金属材料的耐热性仅为 400℃ 左右，为使蒸汽初压提高，用再热循环很有必要。其后，耐热合金材料有进展，加之其他一些原因，在很长一段时期内不再设计制造按再热循环工作的设备。但近年来随着初压提高再热循环再次受到注意。请分析其原因。

答： 再热的根本目的是提高进入冷凝器乏汽的干度，20世纪20—30年代，金属材料的耐热性仅为400℃左右，为使蒸汽初压提高，从而提高循环热效率，采用再热循环很有必要，因为初压提高之后，进入冷凝器乏汽的干度降低，为了使冷凝器乏汽的干度在允许的范围内，采用再热循环很有必要。随着耐热合金材料有进展，金属材料耐热性能越来越好，可以采用提高初温的方法提高循环热效率，同时提高初温也大大提高了进入冷凝器乏汽的干度，因此在很长一段时期内不再设计制造按再热循环工作的设备。近年来，随着大容量大功率机组的兴起，提高初温的同时提高初压，这样循环热效率更高，因此随着初压提高，为了提高进入冷凝器乏汽的干度，再热循环再次受到注意。

【思考题 10-3】 图 10-2 所示回热系统采用混合式回热器，靠蒸汽与水的混合达到换热的目的。工程上大量采用的间壁式回热器，如图 10-3 所示，蒸汽在管外冷凝，将凝结热量传给管内的水，这种布置可减少系统中高压水泵的数量。试分析这种系统在热力学分析上与混合式系统有否不同？

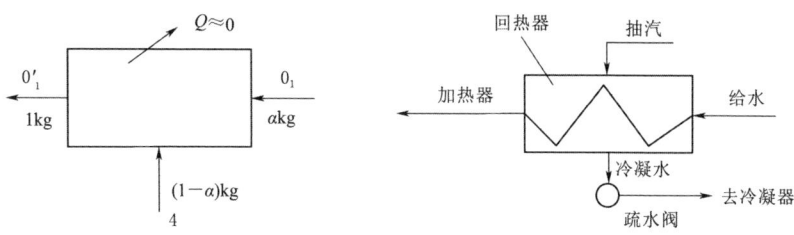

图 10-2 思考题 10-3 附图 1　　**图 10-3 思考题 10-3 附图 2**

答：（1）原理不同：间壁式回热器的原理是将两种介质分别放在两侧，中间通过金属隔板进行热传递；而混合式回热器则是将两种介质混合在一起的方式实现换热。

（2）适用工况不同：间壁式回热器一般适用于高温、高压的工况，而混合式回热器则适用于低温、低压的换热工况。

（3）结构形式不同：间壁式回热器的结构比较简单，主要由两端法兰、中间间隔板和密封圈等组成；而混合式回热器则需要考虑混合室、多道流道等因素。

（4）采用混合式回热器水泵的数量较多，而采用间壁式回热器可减少系统中高压水泵的数量。

【思考题 10-4】 各种实际循环的热效率无论是内燃机循环、燃气轮机装置循环，或是蒸汽循环都肯定地与工质性质有关，这些事实是否与卡诺定理相矛盾？

答：这与卡诺定理并不矛盾。卡诺定理当中的可逆循环忽略了循环当中所有的不可逆因素，不存在任何不可逆损失，所以这时热能向机械能转化只由热源的条件所决定。而实际循环中存在各种不可逆损失，由于工质性质不同，不可逆因素和不可逆程度是各不相同的，因此其热效率与工质性质有关。

【思考题 10-5】 蒸汽动力循环中，在动力机中膨胀做功后的乏汽被排入冷凝器中，向冷却水放出大量的热量 q_2，如果将乏汽直接送入汽锅中使其再吸热变为新蒸汽，不是可以避免在冷凝器中放走大量热量，从而减少对新汽的加热量 q_1，大大提高热效率吗？这样想法对不对？为什么？

答：这样的想法是不对的。因为根据热力学第二定律，借助单一热源连续做功的机器是制造不出来的，第二类永动机不存在，要形成循环至少要有两个热源，因此不能将乏汽直接送入汽锅中使其再吸热变为新蒸汽。

【思考题 10-6】 用蒸汽作循环工质,其放热过程为定温过程,而我们又常说定温吸热和定温放热最为有利,可是为什么在大多数情况下蒸汽循环反较柴油机循环的热效率低?

答:蒸汽过热器外面是高温燃气,里面是蒸汽,所以过热器壁面的温度必定高于蒸汽温度。内燃机的气缸壁因为有冷却水和进入气缸的空气冷却,燃气轮机的燃烧室和叶片也都可以冷却,水的对流换热系数较大,壁面的温度较低,因此内燃机和燃气轮机材料就可以承受高达 2000℃ 的燃气温度,而蒸汽循环的最高蒸汽温度很少超过 600℃。根据热效率 $\eta_t = 1 - \dfrac{\overline{T_2}}{T_1}$,因此在大多数情况下蒸汽循环反较柴油机循环的热效率低。

【思考题 10-7】 应用热泵来供给中等温度(例如 100℃ 上下)的热量是比直接利用高温热源的热量来得经济,因此有人设想将乏汽在冷凝器中放出热量的一部分用热泵提高温度,用以加热低温段(100℃ 以下)的锅炉给水,这样虽然需要增添热泵设备。但可以取消低温段的抽汽回热,使抽汽回热设备得以简化,而对循环热效率也能有所补益。这样的想法在理论上是否正确?

答:不正确。回热循环通过减少温差传热不可逆因素,从而使热效率提高,使该循环向卡诺循环靠近了一步。而该题中的想法恰恰又增加了传热温差的不可逆因素,因此对效率提高是没有好处的。

【思考题 10-8】 蒸汽动力装置中水泵进出口的压力差远大于燃气轮机压气机的压力差,为什么蒸汽动力循环中水泵消耗的功可以忽略?

答:因为虽然蒸汽动力装置中水泵进出口的压力差大,但是水泵功只占汽轮机作功的 2% 左右,在粗略计算中可以把水泵功忽略,而在燃气轮机装置中,压气机耗功占了燃气轮机输出功的很大部分,约

60%，因此不能忽略。

【思考题 10-9】 "水蒸气在汽轮机内膨胀作功，水蒸气热力学能的一部分转变为功输出，其余部分在冷凝器中释放，也就是㶲。"这种讲法是否合理？

答：不合理，水蒸气在汽轮机内膨胀作功，将水蒸气的热能转变为功输出，其余部分在冷凝器中释放。由于冷凝器和环境存在温差，在冷凝器释放出来的能量还具有做功的能力，不全部都是㶲。

【思考题 10-10】 热量利用系数 ξ 说明了全部热量的利用程度，为什么又说它不能完全地衡量循环的经济性？

答：热量利用系数说明了全部热量的利用程度，但是不能完全地衡量循环的经济性。能量分为可用能与不可用能。能量的品位是不同的，在实际工程应用中用的是可用能。可用能在各个部分各个过程的损失是不能用热量利用系数来说明的。

【思考题 10-11】 试总结一下气体动力循环和蒸汽动力循环提高循环热效率的共同原则。

答：提高循环热效率的共同原则是：提高工质的平均吸热温度，降低工质的平均放热温度。

第十一章

制冷循环

【思考题 11-1】 家用冰箱的使用说明书上指出，冰箱应放置在通风处，并距墙壁适当距离，以及不要把冰箱温度设置过低，为什么？

答：为了维持冰箱的低温，需要将热量不断地传输到高温热源（环境大气），如果冰箱传输到环境大气中的热量不能及时散去，会使高温热源温度升高，从而使制冷系数降低，所以为了维持较低的稳定的高温热源温度，应将冰箱放置在通风处，并距墙壁适当距离。在一定环境温度下，冰箱温度愈低，制冷系数愈小，因此为了取得良好的经济效益，没有必要把冰箱的温度定得超乎需要的低。

【思考题 11-2】 为什么压缩空气制冷循环不采用逆向卡诺循环？

答：由于空气定温加热和定温放热不易实现、不易控制，因此压缩空气制冷循坏不采用逆向卡诺循环运行。

【思考题 11-3】 压缩蒸汽制冷循环采用节流阀来代替膨胀机，压缩空气制冷循环是否也可以采用这种方法？为什么？

答：压缩空气制冷循环不能采用节流阀来代替膨胀机。如图 11-1 所示，工质在节流阀中的过程是不可逆绝热过程，节流前后焓值相等 $h_3 = h_{4'}$，熵增大 $s_3 < s_{4'}$，对于理想气体 $T_3 = T_{4'} = T_0 > T_c$，空气节流后的温度大于冷库的温度，不可能制冷。

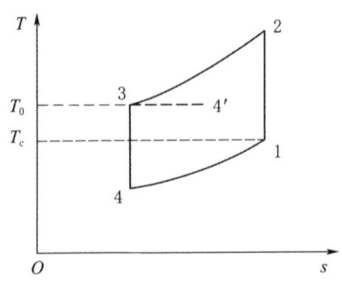

图 11-1 思考题 11-3 答案图

【思考题 11-4】 压缩空气制冷循环的制冷系数、循环压力比、循环制冷量三者之间的关系如何？

答：压缩空气制冷循环的压力比增大，如图 11-2 所示，循环由 1—2—3—4—1 变成了循环 1—2′—3′—4′—1，制冷系数 $\varepsilon = \dfrac{q_c}{w_{net}} = \dfrac{1}{\pi^{\frac{\kappa-1}{\kappa}} - 1}$ 变小，循环制冷量增大。

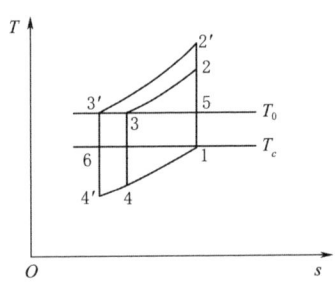

图 11-2 思考题 11-4 答案图

【思考题 11-5】 压缩空气制冷循环采用回热措施后是否提高其理论制冷系数？能否提高其实际制冷系数？为什么？

答：压缩空气制冷循环采用回热措施后，理论制冷系数不变，但是由于循环增压比减小，减小了循环的不可逆性，实际制冷系数提高。

【思考题 11-6】 按热力学第二定律，不可逆节流必然带来作功能力损失，为什么几乎所有的压缩蒸汽制冷装置都采用节流阀？

答：如图 11-3 所示，过程 4—5 为节流阀的绝热节流过程，不可逆节流必然引起做功能力损失，但节流后工质的温度降低，从而实现制冷。过程 4—6 为膨胀机的绝热膨胀过程，虽然膨胀机膨胀后工质的温度也降低，也能实现制冷，但是膨胀机的价格昂贵，采用膨胀机代替节流阀增加的制冷量不大，从经济性的角度来说，节流阀性价比更高。同时，膨胀机出口状态点 6 为湿蒸汽，膨胀机工作不稳定。因此为了简化设备，提高装置运行的可靠性，几乎所有的压缩蒸汽制冷循环装置都采用节流阀。

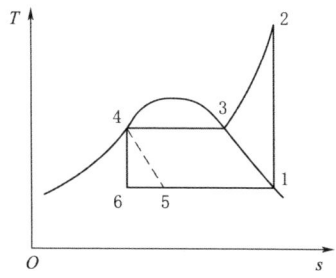
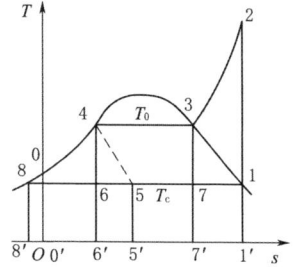

图 11-3 思考题 11-6 答案图　　图 11-4 思考题 11-7 附图

【思考题 11-7】 参看图 11-4，若压缩蒸汽制冷循环按 1—2—3—4—8—1 运行，循环耗功量没有变化，仍为 h_2-h_1，而制冷量却从 h_1-h_5 增大到 h_1-h_8，显见是"有利"的。这种考虑可行么？为什么？

答：这种考虑不可行，因为过程 4—8 熵减小，必须放热才能实现。而 4 点工质温度为环境温度 T_0，要想放热达到 8 点温度 T_c，必须有温度低于 T_c 的冷源，这是不存在的。如果有，就不必采用压缩蒸汽制冷了。

【思考题 11-8】 作为制冷剂的工质应具备哪些性质？你如何理解限产直至禁用氟利昂类工质，如 R11、R12？

答：作为制冷剂的工质应具备的性质如下：

（1）对应于装置工作温度（蒸发温度、冷凝温度），要有适中的压力。若蒸发压力过低，密封容易出问题；冷凝压力过高，对冷凝系统材料的耐压强度要求提高，增加了成本也对焊接等工艺提出了更高要求。

（2）在工作温度下汽化潜热要大，使单位质量工质具备较大的制冷能力。

（3）临界温度应高于环境温度，使冷却过程能更多地利用定温排热。

（4）制冷剂在 $T-s$ 图上的上、下界限线应要陡峭，以便使冷却过程更加接近定温放热过程，并可减少节流引起的制冷能力下降。

（5）工质的三相点温度要低于制冷循环的下限温度，以免造成凝固阻塞。

（6）蒸汽的比体积要小、工质的传热特性要好，使装置更紧凑。

（7）制冷剂溶油性好、化学性质稳定、与金属材料及压缩机中密封材料等有良好的相容性、安全无毒、价格低廉。氟利昂类工质如 R11、R12 这类物质进入大气后破坏臭氧层，使得紫外线直接照射到地面，危害人类健康。限产直至禁用氟利昂类工质是很有必要的。

【思考题 11-9】 本章提到的各种制冷循环是否有共同点？若有是什么？

答：（1）制冷的目的是从低温热源（如冷库）不断地取走热量，以维持其低温。

（2）降低高温热源温度，提高低温热源温度可以提高制冷系数 ε。

（3）制冷循环都需要消耗功，从而实现热能从低温热源传到高温热源。

【思考题 11-10】 同一装置能否既可作制冷机又可做热泵？为什么？

答：可以，热泵与制冷机两者的工作温度范围和达到的效果不同。

但是热泵与制冷机的本质都是消耗高质能以实现热量从低温热源向高温热源的传输,热泵循环和制冷循环的热力学原理相同,因此同一装置既可以作制冷机又可以作热泵。

【思考题 11-11】 归纳不同热能动力装置提高其循环经济指标的热力学措施。

答: 从燃料燃烧中获得热能并利用热能得到动力的整套设备称为热能动力装置。不同热能动力装置提高其循环经济指标的热力学措施如下:

(1) 蒸汽动力装置:①提高蒸汽的初压和初温;②尽可能降低汽轮机排汽压力;③采用抽汽回热循环。

(2) 燃气轮机装置:①提高循环增压比;②采用回热措施;③在回热的基础上分级压缩、中间冷却和分级膨胀、中间再热。

(3) 内燃机装置:①提高压缩比;②提高定容增压比;③降低定压预胀比;④采用回热措施,余热回收利用,比如斯特林循环;⑤采用先进燃油喷射系统,精准供油,让燃油充分燃烧,提升燃料利用率,降低油耗,提高循环热效率。

第十二章

实际气体的性质及热力学一般关系式

【思考题 12-1】 实际气体性质与理想气体性质差异产生的原因是什么？在什么条件下才可以把实际气体作理想气体处理？

答：差异产生的原因是理想气体忽略了气体分子所占据的体积与分子间的作用力。实际气体能否作为理想气体处理，不仅跟气体的种类有关，而且与气体所处的状态有关，只要满足理想气体的两点假设的都可以看作是理想气体。例如，高温低压的气体，因为高温低压的气体密度小，比体积大，气体分子本身体积远小于其活动空间，分子平均距离很大，分子间作用力极其微弱，满足理想气体的两点假设，因此高温低压的气体可以看作是理想气体。

【思考题 12-2】 压缩因子 Z 的物理意义怎么理解？能否将 Z 当作常数处理？

答：压缩因子 Z 的物理意义为温度、压力相同时的实际气体比体积与理想气体比体积之比。Z 值的大小不仅与气体的种类有关，而且同种气体的 Z 值还随压力和温度而变化。因而，Z 是状态的函数，不能当作常数处理。

【思考题 12-3】 范德瓦耳斯方程的精度不高，但是在实际气体状态方程的研究中范德瓦耳斯方程的地位却很高，为什么？

答：范德瓦耳斯方程是半经验的状态方程，虽然在定量上不够准确，但范德瓦耳斯方程是第一个实际气体状态方程，可较好地定性描述实际气体的基本特性，在各种实际气体状态方程中，它的形式最简单，后人在此基础上提出了许多派生方程，有很大的实用价值。

【思考题 12-4】 范德瓦耳斯方程中的物性常数 a 和 b 可以由实验数据拟合得到，也可以由物质的 T_{cr}、p_{cr}、v_{cr} 计算得到，需要较高的精度时应采用哪种方法，为什么？

答： 范德瓦耳斯方程中的物性常数 a 和 b 需要较高的精度时应采用实验数据拟合的方法，由物质的 T_{cr}、p_{cr}、v_{cr} 计算得到的范德瓦尔方程中的物性常数 a 和 b 仅仅是近似值。

【思考题 12-5】 如何看待维里方程？

答： 维里方程 $Z = \dfrac{pv}{R_g T} = 1 + \dfrac{B}{v} + \dfrac{C}{v^2} + \dfrac{D}{v^3} + \cdots$，式中 B、C、D 等都是温度的函数，分别称为第二、第三、第四维里系数等。维里方程有坚实的理论基础。用统计力学方法能导出维里系数，并赋予维里系数明确的物理意义：第二维里系数表示气体两个分子相互作用的效应；第三维里系数表示三个分子的相互作用。由于迄今为止对第三维里系数以上的那些系数掌握甚少，因此超过三项以上的维里方程很少被应用。原则上可以从理论上推导出各个维里系数的计算式，但实际上高级维里系数的运算是十分困难的，通常维里系数由实验测定。维里方程的另一个特点是维里方程的函数形式有很大的适应性，便于实验数据整理，且截取不同项数可满足不同精度要求。

【思考题 12-6】 什么是范德瓦耳斯对应态原理？为什么要引入范德瓦耳斯对应态原理？

答： 对于能满足范德瓦耳斯对比状态方程式的同类物质，如果它

们的对比参数 $p_r = \dfrac{p}{p_{cr}}$、$T_r = \dfrac{T}{T_{cr}}$、$v_r = \dfrac{v}{v_{cr}}$ 中有两个相同，则第三个对比参数就一定相同，物质也就处于对应状态中，这一结论称为范德瓦耳斯对应态原理。引入对应态原理，可以在缺乏详细资料的情况下，能借助某一资料充分地参考流体的热力性质来估算其他流体的性质。

【思考题 12-7】 物质除了临界状态、p-v 图上通过临界点的等温线在临界点的一阶导数等于零、两阶导数等于零等性质外，还有哪些共性？如何在确定实际气体的状态方程时应用这些共性？

答：物质的共性：①都存在气液固三相；②都有确定的临界参数值；③状态方程式都含有反映物质特性的常数；④当压力趋于零时，性质趋向于理想气体。

在确定实际气体的状态方程时，可以将压力等于零代入实际气体的状态方程，得到理想气体状态方程式。同时，对于反映物质特质的常数，可以通过实验测定。

【思考题 12-8】 自由能和自由焓的物理意义是什么？两者的变化量在什么条件下会相等？

答：自由能定义式 $F = U - TS$，物理意义：等温过程中，亥姆霍兹自由能的减少量等于系统对外作的最大功。自由焓定义式 $G = H - TS$，物理意义：在等温等压条件下，系统吉布斯自由能的减少等于系统对外做的非体积功的最大值。

自由能的变化量 $\Delta F = \Delta U - \Delta(TS)$，自由焓的变化量 $\Delta G = \Delta H - \Delta(TS)$，当 $\Delta U = \Delta H$ 时，自由能的变化量等于自由焓的变化量，比如理想气体可逆定温膨胀，自由能的变化量等于自由焓的变化量。

第十二章 实际气体的性质及热力学一般关系式

【思考题 12-9】 什么是特性函数？试说明 $h=h(s,v)$ 和 $u=u(s,p)$ 是否是特性函数？

答： 对简单可压缩的纯物质系统，任意一个状态参数都可以表示成另外两个独立参数的函数。其中，某些状态参数表示成特定的两个独立参数的函数时，只需一个状态函数就可以确定系统的其他参数，这样的函数称为特性函数。$h=h(s,v)$ 和 $u=u(s,p)$ 不是特性函数，因为温度 $T=\left(\dfrac{\partial h}{\partial s}\right)_p=\left(\dfrac{\partial u}{\partial s}\right)_v$ 无法利用 $h=h(s,v)$ 和 $u=u(s,p)$ 表示出来，因此，$h=h(s,v)$ 和 $u=u(s,p)$ 都不是特性函数。

【思考题 12-10】 常用的热系数有哪些？是否有共性？

答： 常用的热系数如下：

（1）等容压力温度系数 $\alpha=\dfrac{1}{p}\left(\dfrac{\partial p}{\partial T}\right)_v$，表示物质在定体积下压力随温度的变化率。

（2）等温压缩率 $k_T=-\dfrac{1}{v}\left(\dfrac{\partial v}{\partial p}\right)_T$，表示物质在定温下比体积随压力的变化率。

（3）体积膨胀系数 $a_V=\dfrac{1}{v}\left(\dfrac{\partial v}{\partial T}\right)_p$，表示物质在定压下比体积随温度的变化率。

这几个热系数都存在共性，等容压力温度系数 $\alpha=\dfrac{1}{p}\left(\dfrac{\partial p}{\partial T}\right)_v$、等温压缩率 $k_T=-\dfrac{1}{v}\left(\dfrac{\partial v}{\partial p}\right)_T$ 和体积膨胀系数 $a_V=\dfrac{1}{v}\left(\dfrac{\partial v}{\partial T}\right)_p$ 都是由基本的状态参数 p、v、T 组成，都是状态参数，都反映实际气体的特性。

【思考题 12-11】 如何利用状态方程和热力学一般关系求取实际气体的 Δu、Δh、Δs？

答：先写出实际气体热力学能、焓和熵的一般关系式，将状态方程进行求导，然后代入热力学能、焓或熵的一般关系式，最后进行积分求解。比如对于满足范德瓦耳斯方程的气体，根据热力学能的表达式 $\mathrm{d}u = c_V \mathrm{d}T + \left[T\left(\frac{\partial p}{\partial T}\right)_v - p\right]\mathrm{d}v$，可以求出 $\left(\frac{\partial p}{\partial T}\right)_v = \frac{R_\mathrm{g}}{v-b}$，即 $T\left(\frac{\partial p}{\partial T}\right)_v - p = \frac{a}{v^2}$，那么 $\mathrm{d}u = c_V \mathrm{d}T + \frac{a}{v^2}\mathrm{d}v$，因此 $\Delta u = \int_{T_1}^{T_2} c_V \mathrm{d}T + \int_{v_1}^{v_2} \frac{a}{v^2}\mathrm{d}v$。

【思考题 12-12】 试导出以 T、p 及 p、v 为独立变量的 $\mathrm{d}u$ 方程及以 T、v 及 p、v 为独立变量的 $\mathrm{d}h$ 方程。

答：对于 $s = s(T, v)$，$\mathrm{d}s = \left(\frac{\partial s}{\partial T}\right)_v \mathrm{d}T + \left(\frac{\partial s}{\partial v}\right)_T \mathrm{d}v$，$\left(\frac{\partial s}{\partial T}\right)_v = \frac{\left(\frac{\partial u}{\partial T}\right)_v}{\left(\frac{\partial u}{\partial s}\right)_v} = \frac{c_V}{T}$，$\left(\frac{\partial s}{\partial v}\right)_T = \left(\frac{\partial p}{\partial T}\right)_v$，因此，$\mathrm{d}s = \frac{c_V}{T}\mathrm{d}T + \left(\frac{\partial p}{\partial T}\right)_v \mathrm{d}v$。

对于 $s = s(T, p)$，$\mathrm{d}s = \left(\frac{\partial s}{\partial T}\right)_p \mathrm{d}T + \left(\frac{\partial s}{\partial p}\right)_T \mathrm{d}p$，$\left(\frac{\partial s}{\partial T}\right)_p = \frac{\left(\frac{\partial h}{\partial T}\right)_p}{\left(\frac{\partial h}{\partial s}\right)_p} = \frac{c_p}{T}$，

$\left(\frac{\partial s}{\partial p}\right)_T = -\left(\frac{\partial v}{\partial T}\right)_p$，

因此，$\mathrm{d}s = c_p \frac{\mathrm{d}T}{T} - \left(\frac{\partial v}{\partial T}\right)_p \mathrm{d}p$，

$\mathrm{d}s = \left(\frac{\partial s}{\partial p}\right)_v \mathrm{d}p + \left(\frac{\partial s}{\partial v}\right)_p \mathrm{d}v$，$\left(\frac{\partial s}{\partial p}\right)_v = \frac{\left(\frac{\partial u}{\partial p}\right)_v}{\left(\frac{\partial u}{\partial s}\right)_v} = \frac{\left(\frac{\partial u}{\partial T}\right)_v \left(\frac{\partial T}{\partial p}\right)_v}{T} = \frac{c_V}{T}\left(\frac{\partial T}{\partial p}\right)_v$，

$\left(\frac{\partial s}{\partial v}\right)_p = \frac{\left(\frac{\partial h}{\partial v}\right)_p}{\left(\frac{\partial h}{\partial s}\right)_p} = \frac{\left(\frac{\partial h}{\partial T}\right)_p \left(\frac{\partial T}{\partial v}\right)_p}{T} = \frac{c_p}{T}\left(\frac{\partial T}{\partial v}\right)_p$，

因此 $ds = \dfrac{c_V}{T}\left(\dfrac{\partial T}{\partial p}\right)_v dp + \dfrac{c_p}{T}\left(\dfrac{\partial T}{\partial v}\right)_p dv$,

那么以 T、p 为独立变量，$dv = \left(\dfrac{\partial v}{\partial T}\right)_p dT + \left(\dfrac{\partial v}{\partial p}\right)_T dp$，$ds = c_p\dfrac{dT}{T} - \left(\dfrac{\partial v}{\partial T}\right)_p dp$，

$du = Tds - pdv = c_p dT - T\left(\dfrac{\partial v}{\partial T}\right)_p dp - p\left[\left(\dfrac{\partial v}{\partial T}\right)_p dT + \left(\dfrac{\partial v}{\partial p}\right)_T dp\right]$,

$du = \left[c_p - p\left(\dfrac{\partial v}{\partial T}\right)_p\right] dT - \left[T\left(\dfrac{\partial v}{\partial T}\right)_p + p\left(\dfrac{\partial v}{\partial p}\right)_T\right] dp$,

那么以 p、v 为独立变量，$dT = \left(\dfrac{\partial T}{\partial p}\right)_v dp + \left(\dfrac{\partial T}{\partial v}\right)_p dv$，$ds = \dfrac{c_V}{T}\left(\dfrac{\partial T}{\partial p}\right)_v dp + \dfrac{c_p}{T}\left(\dfrac{\partial T}{\partial v}\right)_p dv$,

$du = Tds - pdv = c_V\left(\dfrac{\partial T}{\partial p}\right)_v dp + c_p\left(\dfrac{\partial T}{\partial v}\right)_p dv - pdv = c_V\left(\dfrac{\partial T}{\partial p}\right)_v dp + \left[c_p\left(\dfrac{\partial T}{\partial v}\right)_p - p\right] dv$,

以 T、v 为独立变量，$ds = \dfrac{c_V}{T}dT + \left(\dfrac{\partial p}{\partial T}\right)_v dv$，$dp = \left(\dfrac{\partial p}{\partial T}\right)_v dT + \left(\dfrac{\partial p}{\partial v}\right)_T dv$,

$dh = Tds + vdp = c_V dT + T\left(\dfrac{\partial p}{\partial T}\right)_v dv + v\left[\left(\dfrac{\partial p}{\partial T}\right)_v dT + \left(\dfrac{\partial p}{\partial v}\right)_T dv\right]$,

$dh = \left[c_V + v\left(\dfrac{\partial p}{\partial T}\right)_v\right] dT + \left[T\left(\dfrac{\partial p}{\partial T}\right)_v + v\left(\dfrac{\partial p}{\partial v}\right)_T\right] dv$,

以 p、v 为独立变量，$dT = \left(\dfrac{\partial T}{\partial p}\right)_v dp + \left(\dfrac{\partial T}{\partial v}\right)_p dv$，$ds = \dfrac{c_V}{T}\left(\dfrac{\partial T}{\partial p}\right)_v dp + \dfrac{c_p}{T}\left(\dfrac{\partial T}{\partial v}\right)_p dv$,

$dh = Tds + vdp = c_V\left(\dfrac{\partial T}{\partial p}\right)_v dp + c_p\left(\dfrac{\partial T}{\partial v}\right)_p dv + vdp = \left[c_V\left(\dfrac{\partial T}{\partial p}\right)_v + v\right] dp + c_p\left(\dfrac{\partial T}{\partial v}\right)_p dv$,

【思考题 12-13】 本章导出的关于热力学能、焓、熵的一般关系式是否可用于不可逆过程？

答：可以，热力学能、焓和熵都是状态参数，与过程无关，故可以用于不可逆过程。

【思考题 12-14】 试根据 $c_p - c_V$ 的一般关系式分析水的比定压热容和比定容热容的关系。

答：$c_p - c_V = T\left(\dfrac{\partial v}{\partial T}\right)_p \left(\dfrac{\partial p}{\partial T}\right)_v$，同时，对于液态水，在压力不变条件下，比体积随温度的变化非常小，那么 $\left(\dfrac{\partial v}{\partial T}\right)_p = 0$，即液态水的比定压热容和比定容热容的关系为 $c_p = c_V$，因此对于水，没有必要区分定压比热容和定容比热容。

【思考题 12-15】 水的相图和一般物质的相图区别在哪里？为什么？

答：水的相图和一般物质的相图水的 p-T 图（相图）如图 12-1 和图 12-2 所示。图中 D 为三相点，C 为临界点。DA、DB 和 DC 分别为气固、液固和气液相平衡曲线。由图可知，水的相图和一般物质的相图区别在于固液分界线的斜率不同，根据克拉贝龙方程 $\left(\dfrac{\mathrm{d}p}{\mathrm{d}T}\right)_s = \dfrac{\gamma}{T_s(v^{液} - v^{固})}$，$\gamma > 0$ 为相变潜热，$T_s > 0$ 为相变时的饱和温度。由于冰的密度小于水的密度，那么固体冰的比体积大于液体水的比体积，那么 $\left(\dfrac{\mathrm{d}p}{\mathrm{d}T}\right)_s < 0$。由于一般物质固体的密度大于液体的密度，那么固体的比体积小于液体的比体积，那么 $\left(\dfrac{\mathrm{d}p}{\mathrm{d}T}\right)_s > 0$。

第十二章 实际气体的性质及热力学一般关系式

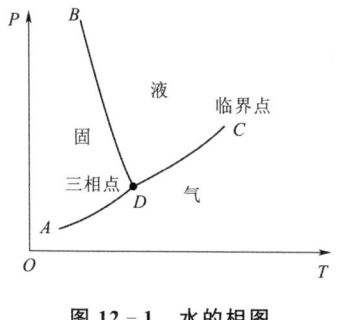

图 12-1 水的相图

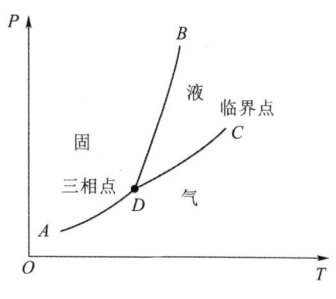

图 12-2 一般物质的相图

【思考题 12-16】 平衡的一般判据是什么？讨论自由能判据、自由焓判据和熵判据的关系。

答： 孤立系统熵增原理 $dS_{iso} \geq 0$ 指出，孤立系的熵只能增加而不会减少，在未达平衡之前，系统必定向着熵增加的方向变化，当熵为最大值时，系统达到平衡态，状态不再发生改变，所以孤立系统熵增原理指出了孤立系统自发变化的方向（$dS_{iso} > 0$）和实现平衡的条件（$dS_{iso} = 0$）。但孤立系统的熵增原理需要把所有发生变化的有关物体取成孤立系统，实际应用不方便，尤其是大量化学反应常常在定温定压或定温定容下进行，因此需要导出定温定压过程和定温定容过程的平衡判据。

由于熵产 $\delta S_g \geq 0$，那么 $dS \geq \dfrac{\delta Q}{T_r}$

式中：dS 为系统的微元熵变；T_r 为与系统进行热量交换的外界热源温度；δQ 为微元过程中系统和外界热源交换的热量。

忽略动能和势能的影响，根据热力学第一定律，物系在反应中的能量方程式为 $\delta Q = dU + \delta W_{tot}$，考虑到过程为定温过程，系统温度 T 为常数，平衡时系统与热源达到热平衡，故 $T = T_r =$ 常数。

定温定容的反应，体积变化功（无用功）$\delta W = 0$，$W_{u,V}$ 是定温定容反应的有用功。那么总功 $\delta W_{tot} = \delta W + \delta W_{u,V} = \delta W_{u,V}$，故 $\delta Q = dU +$

$\delta W_{u,V}$，因此 $\mathrm{d}S \geqslant \dfrac{\delta Q}{T_r} = \dfrac{\mathrm{d}U + \delta W_{u,V}}{T}$，则 $T\mathrm{d}S - \mathrm{d}U \geqslant \delta W_{u,V}$，$\mathrm{d}(TS) - \mathrm{d}U \geqslant \delta W_{u,V}$，$\mathrm{d}(TS-U) = -\mathrm{d}(U-TS) = -\mathrm{d}F \geqslant \delta W_{u,V}$，其中亥姆霍兹函数（自由能）$F = U - TS$，那么 $F_1 - F_2 \geqslant W_{u,V}$。$W_{u,V,\max}$ 是定温定容反应最大的有用功，那么理想可逆的定温定容反应最大的有用功 $W_{u,V,\max} = F_1 - F_2 = (U_1 - TS_1) - (U_2 - TS_2)$，由此可见，在可逆定温定容反应过程中，所能得到的最大有用功并不等于物系热力学能的减少，而是等于自由能 $(U-TS)$ 的减少。

实际上能够自发进行的反应都是不可逆的，对于定温定容不可逆过程的有用功 $W_{u,V} < F_1 - F_2 = W_{u,V,\max}$，因此 $F_2 - F_1 < -W_{u,V} \leqslant 0$，反应物系的自由能 F 都是减小的，换句话说，只有自由能的差值小于 0，即 $\mathrm{d}F < 0$，定温定容反应才能自发地进行，自由能 F 增大的反应必须有外功帮助，所以 $\mathrm{d}F < 0$ 是定温定容自发过程方向的判据。当物系达到化学平衡时，物系的自由能 F 达到最小值，此时 $\mathrm{d}F = 0$，$\mathrm{d}^2 F > 0$。所以，定温定容物系达到平衡的判据可表示为 $\mathrm{d}F = 0$，$\mathrm{d}^2 F > 0$。

定温定压的反应，体积变化功（无用功）$\delta W = p\mathrm{d}V = \mathrm{d}(pV)$，$W_{u,p}$ 是定温定压反应的有用功。总功 $\delta W_{\mathrm{tot}} = \delta W + \delta W_{u,p} = \mathrm{d}(pV) + \delta W_{u,p}$，$\delta Q = \mathrm{d}U + \delta W_{\mathrm{tot}} = \mathrm{d}U + \mathrm{d}(pV) + \delta W_{u,p} = \mathrm{d}H + \delta W_{u,p}$，因此 $\mathrm{d}S \geqslant \dfrac{\delta Q}{T_r} = \dfrac{\mathrm{d}H + \delta W_{u,p}}{T}$，则 $T\mathrm{d}S - \mathrm{d}H \geqslant \delta W_{u,p}$，那么 $\mathrm{d}(TS) - \mathrm{d}H \geqslant \delta W_{u,p}$，$\mathrm{d}(TS - H) = -\mathrm{d}(H - TS) = -\mathrm{d}G \geqslant \delta W_{u,p}$，其中吉布斯函数（自由焓）$G = H - TS$，那么 $G_1 - G_2 \geqslant W_{u,p}$，定温定压反应最大的有用功为 $W_{u,p,\max}$，那么理想可逆的定温定压反应最大的有用功为 $W_{u,p,\max} = G_1 - G_2 = (H_1 - TS_1) - (H_2 - TS_2)$，由此可见，在可逆定温定压反应过程中，所能得到的最大有用功并不等于物系焓的减少，而是等于自由焓 $(H-TS)$ 的减少。

实际上能够自发进行的反应都是不可逆的，对于定温定压不可逆过程的有用功 $W_{u,p} < G_1 - G_2 = W_{u,p,\max}$，因此 $G_2 - G_1 < -W_{u,p} \leqslant 0$，反应物系的自由焓 G 都是减小的，换句话说，只有自由焓的差值小于 0，即 $\mathrm{d}G < 0$，定温定压反应才能自发地进行，自由焓 G 增大的反应必须有外功帮助，所以 $\mathrm{d}G < 0$ 是定温定压自发过程方向的判据。当物系达到化学平衡时，物系的自由焓 G 达到最小值，此时 $\mathrm{d}G = 0$，$\mathrm{d}^2 G > 0$。所以，定温定压物系达到平衡的判据可表示为 $\mathrm{d}G = 0$，$\mathrm{d}^2 G > 0$。

第十三章

化学热力学基础

【思考题 13-1】 在无化学反应的热力变化过程中，如有两个独立的状态参数各保持不变，则过程就不可能进行。在进行化学反应的物系中是否受此限制？为什么？

答：对于简单的可压缩系统的物理变化过程，确定系统平衡状态的独立状态参数只需要两个。但是对于发生化学反应的物系，参与反应的物质成分或质量发生变化，故确定化学反应的物质系统平衡状态往往需要两个以上的独立状态参数，因而化学反应过程可以在定温定压及定温定容等条件下进行。因此，在进行化学反应的物系中，有两个独立的状态参数保持不变，化学反应过程依然能进行。

【思考题 13-2】 化学反应实际上都有正向反应与逆向反应在同时进行，化学反应是否都是可逆反应？怎样的反应才是可逆反应？

答：如果在完成某含有化学反应的过程后，使过程沿相反方向进行，能够使物系和外界完全恢复到原来状态，不留下任何变化，这样的理想过程就是可逆过程，否则是不可逆过程。一切含有化学反应的实际过程都是不可逆的，可逆过程仅是一种理想的极限。少数特殊条件下的化学反应，如蓄电池的放电和充电，接近可逆过程，而燃烧反应则是强烈的不可逆过程。

【注】 化学反应过程中，正向反应物系对外界做出有用功，则逆向反应需对物系输入功。可逆时，正向反应做出的有用功与逆向反应所需

加入的功绝对值相同，符号相反。可逆时，正向反应对外输出的有用功最大，逆向反应所需输入的功绝对值最小。

【思考题 13-3】 反应热和反应热效应的关系是什么？它们是否是性质相同的量？反应焓、燃烧焓、生成焓、标准生成焓、标准燃烧焓相互间是什么关系？它们与热效应有何联系？

答：化学反应中物系与外界交换的热量称为反应热。若反应在定温定容或定温定压下不可逆地进行，且没有作出有用功（此时反应的不可逆程度最大），这时的反应热称为反应热效应，热效应是定温反应过程中不作有用功时的反应热。反应热是与过程有关的量，不仅与反应物系的初、终态有关，而且与系统经历的过程有关。热效应是状态量，仅取决于初、终态，与过程无关，它们是性质不相同的量。定温定压的反应热效应等于反应前后物系的焓差，这个焓差称为"反应焓"。1mol 燃料完全燃烧时的定压热效应称为燃料的"燃烧焓"。由一些单质（或元素）化合成 1mol 化合物时的热效应称为该化合物的"生成热"，定温定压的热效应等于焓差 $Q_P = H_2 - H_1$，故定温定压的生成热又称为"生成焓"。反应焓、燃烧焓、生成焓都是定温定压下的反应热效应。标准状态下 $p = 101325\text{Pa}$，$T = 298.15\text{K}$，燃烧热和生成热分别称为"标准燃烧焓"和"标准生成焓"。标准生成焓、标准燃烧焓是在标准状态下的定温定压的反应热效应。

【思考题 13-4】 为什么氢的热值分高热值与低热值，而碳的热值却不必分高低？

答：1mol 燃料完全燃烧时的定压热效应称为燃料的"燃烧热"，燃烧热的绝对值称为燃料的"热值"，对于产物可能是气态也可能是液态的化学反应，例如 $H_2 + \frac{1}{2}O_2 \longrightarrow H_2O$，燃烧产物水为气态时得到低热值，以符号 Q_{DW} 表示，燃烧产物水为液态时得到高热值，以 Q_{GW} 表示。

因此氢的热值有高热值与低热值之分。由于 $C+O_2 \longrightarrow CO_2$，燃烧产物 CO_2 只有气态物质，因此碳的热值却不必分高低。

【举例】 $H_2 + \frac{1}{2}O_2 \longrightarrow H_2O(l) - 283560 J/mol$，$H_2 + \frac{1}{2}O_2 \longrightarrow H_2O(g) - 239900 J/mol$，那么 H_2 的燃烧热高热值 $Q_{GW} = -283560 J/mol$，H_2 的燃烧热低热值 $Q_{DW} = -239900 J/mol$。

【思考题 13-5】 请列举若干例子说明，利用赫斯定律通过我们已经深入了解的反应系列确定对之了解很少的反应的热效应。能否通过类似的过程确定反应热？为什么？

答： 当反应前后物质的种类给定时，反应热效应只取决于反应前后的状态，与中间经历的反应途径无关，称为赫斯定律。利用赫斯定律可以根据一些已知反应的热效应计算那些难以直接测量的反应的热效应。例如，在煤气发生炉内碳不完全燃烧生产一氧化碳的反应为 $C + \frac{1}{2}O_2 \longrightarrow CO + Q_2$。因为碳燃烧时必然还有 CO_2 生成，所以反应的热效应 Q_2 就不能直接测定，但根据赫斯定律，热效应 Q_2 可通过下列两个反应的热效应间接求得，由于 $C+O_2 \longrightarrow CO_2 + Q_1$，$CO + \frac{1}{2}O_2 \longrightarrow CO_2 + Q_3$，根据赫斯定律 $Q_1 = Q_2 + Q_3$，于是 $Q_2 = Q_1 - Q_3$。赫斯定律使人们可以不直接从对之了解很少的反应去确定该反应的反应热效应，而是通过已经深入了解的其他反应系列得到指定反应的反应热效应。由于反应热是过程量，故无法通过类似的过程确定反应热。

【思考题 13-6】 基尔霍夫定律的意义和作用是什么？

答： 基尔霍夫定律的意义在于描述了反应热效应与温度的关系，对于生成物和反应物都是理想气体的系统，反映热效应随温度的变化取决于生成物系的总热容和反应物系的总热容的差值。作用：由此可以利用有限的基本反应的数据表计算相当大部分过程的反应焓，如果过程进行时的温度不是标准温度，只要有足够的比热容的资料，都能计算反应的反应焓。

【思考题 13-7】 平衡常数 K_p 只随物系的温度 T 而定，不随物系的压力 p 而变。所以，有人认为对反应 $CO+\frac{1}{2}O_2 \rightleftharpoons CO_2$，离解度 α 表示反方向的反应：CO_2 离解的程度。因此压力升高不会使离解度 α 减小，平衡不会向右移动。你的看法呢？

答： 如果处于平衡状态下的物系受到外界条件改变的影响（如外界压力、温度发生变化，使物系的压力、温度也随着变化），则平衡位置就会发生移动，移动的方向总是朝着削弱这些外来作用影响的方向，这就是平衡移动原理。因此，对于化学反应 $CO+\frac{1}{2}O_2 \rightleftharpoons CO_2$，当压力升高时，平衡会向右移动，从而使离解度变小，但是只要温度 T 不变，那么平衡常数 $K_p = \dfrac{p_{CO_2}^1}{p_{CO}^1 p_{O_2}^{1/2}}$ 的值不变。

【注】 CO_2 的离解度为 α，达到平衡时，$1\text{mol } CO_2$ 中将有 αmol CO_2 离解生成 $\alpha\text{mol } CO$ 和 $\dfrac{\alpha}{2}\text{mol } O_2$，未离解的 CO_2 为 $(1-\alpha)$ mol。反应式为 $CO+\dfrac{1}{2}O_2 \rightleftharpoons (1-\alpha)CO_2+\alpha CO+\dfrac{\alpha}{2}O_2$，混合物中各气体的物质的量为 $(1-\alpha)$ mol CO_2、α mol CO、$\dfrac{\alpha}{2}$ mol O_2，混合物总物质的量为 $\left(1+\dfrac{\alpha}{2}\right)$ mol。从而 $x_{CO_2}=\dfrac{1-\alpha}{1+\dfrac{\alpha}{2}}=\dfrac{2(1-\alpha)}{2+\alpha}$，$x_{CO}=\dfrac{\alpha}{1+\dfrac{\alpha}{2}}=\dfrac{2\alpha}{2+\alpha}$，$x_{O_2}=\dfrac{\dfrac{\alpha}{2}}{1+\dfrac{\alpha}{2}}=\dfrac{\alpha}{2+\alpha}$。以 p 表示混合物的总压力，根据 $p_i=$

$x_i p$，那么 $p_{CO_2} = \dfrac{2(1-\alpha)}{2+\alpha} p$，$p_{CO} = \dfrac{2\alpha}{2+\alpha} p$，$p_{O_2} = \dfrac{\alpha}{2+\alpha} p$。平衡常数

$$K_p = \dfrac{p_{CO_2}^1}{p_{CO}^1 p_{O_2}^{\frac{1}{2}}} = \dfrac{\dfrac{2(1-\alpha)}{2+\alpha} p}{\dfrac{2\alpha}{2+\alpha} p \times \left(\dfrac{\alpha}{2+\alpha} p\right)^{\frac{1}{2}}} = \dfrac{(1-\alpha)(2+\alpha)^{\frac{1}{2}}}{\alpha^{\frac{3}{2}} p^{\frac{1}{2}}}。$$

【思考题 13-8】 随着燃烧系统温度的升高，燃烧产物离解度增大还是减小？为什么？

答：如果处于平衡状态下的物系受到外界条件改变的影响（如外界压力、温度发生变化，使物系的压力、温度也随着变化），则平衡位置就会发生移动，移动的方向总是朝着削弱这些外来作用影响的方向，这就是平衡移动原理。燃烧反应都是放热反应，随着温度的升高，物系将加强吸热的化学反应以削弱温度升高的影响，那么燃烧产物的离解度增大。

【思考题 13-9】 合成氨 $N_2 + 3H_2 \longrightarrow 2NH_3$ 生产过程中通常采用较高的压力，为什么？若反应平衡时，减少 NH_3 的分压力，平衡是否被破坏？反应向什么方向移动？

答：合成氨的化学反应式为 $N_2 + 3H_2 \longrightarrow 2NH_3$，反应前后物质的量变化量为 $\Delta n < 0$，根据平衡移动原理，采用高压使平衡向着物质的量减小的方向（即氨生成的方向）移动，故采用高压使生成的氨增多，因此合成氨的生产过程中要采用高压。若反应平衡时，减少 NH_3 的分压力，平衡会被破坏，根据平衡移动原理，平衡会向右移动，即氨的生成方向移动。

【思考题 13-10】 氧气在 $T_0 = 298.15\text{K}$、$p_0 = 101325\text{Pa}$ 时物理㶲为零，化学㶲却不为零，为什么？

答：与环境的温度、压力相平衡的系统，经可逆的物理（扩散）或化学反应过程达到与环境化学平衡（成分相同）时作出的最大有用功称为物质的化学㶲。对于系统在不发生化学反应的物理变化过程，系统仅与环境发生热量交换，可逆地达到与环境的温度、压力相平衡时的最大有用功称为㶲，如热力学能㶲、焓㶲等，这些㶲可以归纳为物理㶲。很显然，当系统处于环境压力、环境温度时，系统的物理㶲为零。但是，与环境的温度、压力平衡的系统的化学成分与环境不一定平衡，这种不平衡势也具有做功能力，因此氧气在 $T_0=298.15\text{K}$、$p_0=101325\text{Pa}$ 时物理㶲为零，化学㶲却不为零。

【思考题 13-11】 为什么在计算水蒸气的过程和循环时水和水蒸气的熵值可以采用所规定的相对值，而在计算化学反应物系的熵值时物系中各物质的熵值则必须采用熵的绝对值？

答：在计算水蒸气的过程和循环时，物系中物质的成分不发生变化，所以对于物系中各物质，可以任意规定计算上的起点和基准点。但是在有化学反应的过程中，物质成分发生改变，必须使用熵的绝对值。

名词解释

（1）热能动力装置：从燃料燃烧中得到热能以及利用热能得到动力的整套设备称为热能动力装置。

（2）工质：实现热能和机械能相互转化的媒介物质称为工质。

（3）热源：与工质进行热交换的物质系统称为热源。

（4）热力系统：人为分割出来作为热力学分析对象的有限物质系统，称为热力系统。

（5）闭口系：与外界只有能量交换而无物质交换的系统称为闭口系，又称为闭口系或控制质量。

（6）开口系：与外界不仅有能量交换而且有物质交换的系统称为开口系，又称为开口系或控制体积。

（7）绝热系：与外界无热量交换的热力系统。

（8）孤立系：与外界既无能量交换又无物质交换的热力系统。

（9）简单可压缩系：与外界可逆的功交换只有体积变化功（膨胀功或压缩功）一种形式的热力系统称为简单可压缩系。

（10）热力学状态：工质在热力变化过程中的某一瞬间所呈现的宏观物理状况称为工质的热力学状态。

（11）状态参数：用来描述工质所处平衡状态的宏观物理量称为状态参数。

（12）强度量：与系统质量的多少无关的状态参数。

（13）广延量：与系统质量的多少成正比的状态参数。

（14）热力学温度：根据热力学第二定律的基本原理制定的，与测温物质的特性无关，是度量温度的标准。热力学温度单位是开尔文。

（15）绝对压力：工质的真实压力。

（16）表压力：压力计测得的压力，等于工质的绝对压力和环境介质压力之差。

（17）真空度：真空计测得的压力，等于环境介质压力和工质的绝对压力之差。

（18）热力学能：内动能、内位能、维持一定分子结构的化学能和原子核内部的原子能，以及电磁场作用下的电磁能等一起构成所谓的热力学能。

（19）推动功：因工质在开口系中流动而传递的功，这种功称为推动功。

（20）流动功：推动功差 $\Delta(pv)=p_2v_2-p_1v_1$ 是系统为维持工质流动所需的功，称为流动功。

（21）焓：$H=U+pV$，物理意义为开口系中热力学能和推动功之和。

（22）平衡状态：一个热力系统，如果在不受外界影响的条件下，系统的状态能够始终保持不变，则系统的这种状态称为平衡状态。

（23）稳定状态：只要系统的参数不随时间改变，即认为系统处于稳定状态。

（24）状态方程式：简单可压缩热力系统在平衡状态下，状态参数压力、温度和比体积之间的关系式称为状态方程式。

（25）准平衡过程：若过程进行得相对缓慢，工质在平衡被破坏后自动恢复平衡所需的时间，即所谓弛豫时间又很短，工质有足够的时间来恢复平衡，随时都不致显著偏离平衡状态，那么这样的过程称为准平衡过程。

（26）可逆过程：当完成了某一过程之后，如果有可能使工质沿相同的路径逆行而恢复到原来状态，并使相互作用中所涉及的外界亦恢复到原来状态，而不留下任何改变，则这一过程就称为可逆过程。不满足上述条件的过程为不可逆过程。

（27）功：热力系统通过边界而传递的能量。

（28）热量：热力系和外界之间仅仅由于温度不同而通过边界传递的能量。

（29）热力循环：工质在经过若干过程之后，重又回到了原来的状态。这样一系列过程的综合，称为热力循环。

（30）可逆循环和不可逆循环：全部由可逆过程组成的循环称为可逆循环；若循环中有部分过程或全部过程是不可逆的，为不可逆循环。

（31）正向循环：热能转化为机械能的循环称为正向循环。

（32）逆向循环：将热量从低温热源传给高温热源的循环称为逆向循环。

（33）热力学第一定律：自然界中的一切物质都具有能量，能量不可能被创造，也不可能被消灭，但可以从一种形态转变为另一种形态；在能量的转换过程中能量的总量保持不变。

或者表述为：热可以变为功，功也可变为热。一定量的热消失时必产生相应量的功，消耗一定量的功时必出现与之对应的一定量的热。

（34）体积变化功 W：通过工质体积的变化而与外界交换的功，称为体积变化功。

（35）内部功 W_i：工质在机器内部对机器所作的功，称为内部功。

（36）轴功 W_s：机器的轴上向外传出的功，称为轴功。

（37）技术功 W_t：技术上可资利用的功，称为技术功。

（38）稳定流动过程：若流动过程中，开口系内部及其边界上各点工质的热力参数及运动参数都不随时间而变，称为稳定流动过程。

（39）理想气体和实际气体：理想气体是一种实际上不存在的假想气体，其分子是些弹性的、不占体积的质点；分子间相互没有作用力。不符合上述两点假设的气态物质称为实际气体。

（40）热容：物体温度升高 1K（或 1℃）所需的热量称为热容。

(41) 比热容：1kg 物质温度升高 1K（或 1℃）所需的热量称为质量热容，又称比热容。

(42) 摩尔热容：1mol 物质温度升高 1K（或 1℃）所需的热量称为摩尔热容。

(43) 定容比热容：在工质比体积不变的情况下，单位质量的工质温度升高 1K 所需吸收的热量，称为该种物质的定容比热容。

(44) 定压比热容：在压强不变的情况下，单位质量的某种物质温度升高 1K 所需吸收的热量，称为该物质的定压比热容。

(45) 迈耶公式：对于理想气体，$c_p = c_V + R_g$。

(46) 熵：$\mathrm{d}S = \dfrac{\delta Q_\text{rev}}{T}$，$\delta Q_\text{rev}$ 为工质在微元可逆过程中与热源交换的热量；T 是传热时热源的热力学温度；$\mathrm{d}S$ 是微元过程中工质的熵变。

(47) 饱和状态：物质处于不同的相且能动态平衡的状态称为饱和状态。

(48) 饱和蒸汽：当工质的汽化速度等于凝结的速度时，液相和气相处于动态平衡的状态，这种处于饱和状态的蒸汽称为饱和蒸汽。

(49) 饱和水：当工质的汽化速度等于凝结的速度时，液相和气相处于动态平衡的状态，这种处于饱和状态下的液态水称为饱和水。

(50) 饱和温度：当工质的汽化速度等于凝结的速度时，液相和气相处于动态平衡的状态，气、液的温度相同，称为饱和温度。

(51) 饱和压力：当工质的汽化速度等于凝结的速度时，液相和气相处于动态平衡的状态，此时蒸汽的压力称为饱和压力。

(52) 三相点：物质气、液、固三相平衡共存的状态，称为三相点。

(53) 过冷水（未饱和水）：当水的温度低于同一压力下的饱和温度时称为过冷水。

(54) 湿饱和蒸汽：饱和蒸汽和饱和水的混合物称为湿饱和蒸汽。

(55) 汽化潜热：由饱和水定压加热为干饱和蒸汽的过程中工质的比体积随蒸汽增多而迅速增大，但汽、液温度不变，所吸收的热量转变为蒸汽分子的内位能的增加及比体积的增加而对外做出的膨胀功,这一热量即为汽化潜热。

(56) 过热蒸汽:当饱和蒸汽的温度高于同一压力下的饱和温度时称为过热蒸汽。

(57) 过热度:温度超过饱和温度之值称为过热度。

(58) 临界点:液相和气相不再有区别的状态点,称为临界点。

(59) 干度:湿蒸汽中饱和蒸汽的质量分数。

(60) 道尔顿分压力定律:理想气体混合物的总压力 p 等于各组分气体的分压力 p_i 之和。

(61) 亚美格分体积定律:理想气体混合物的总体积 V 等于各组分气体的分体积 V_i 之和。

(62) 质量分数:组分气体的质量与混合物的总质量之比,$w_i = \dfrac{m_i}{m}$。

(63) 摩尔分数:组分气体物质的量与混合气体总物质的量之比,$x_i = \dfrac{n_i}{n}$。

(64) 体积分数:组分气体的分体积与混合气体的总体积之比,$\varphi_i = \dfrac{V_i}{V}$。

(65) 湿空气:含有水蒸气的空气,湿空气由干空气和水蒸气组成。

(66) 未饱和湿空气:由干空气和过热水蒸气组成的湿空气称为未饱和湿空气。

(67) 饱和湿空气:由干空气和饱和水蒸气组成的湿空气称为饱和湿空气。

(68) 湿蒸汽:由饱和水和饱和水蒸气组成的混合物称为湿蒸汽。

(69) 露点温度:对应于水蒸气分压力的饱和温度。

(70) 绝对湿度:单位体积($1m^3$)湿空气中所含水蒸气的质量称为绝对湿度。

(71) 相对湿度：湿空气中水蒸气的分压力 p_v，与同一温度、同样总压力的饱和湿空气中水蒸气分压力 p_s 的比值，称为相对湿度。

(72) 含湿量：1kg 干空气所带有的水蒸气质量为含湿量 d，又称比湿度，$d = \dfrac{m_v}{m_a}$。

(73) 湿空气的比焓：含有 1kg 干空气的湿空气的焓值。

(74) 多变过程：气体的基本状态参数满足 $pv^n =$ 常数（n 为常数）的可逆过程称为多变过程。

(75) 自发过程：自然过程中凡是能够独立、无条件地自动进行的过程，称为自发过程。

(76) 非自发过程：不能独立地自动进行而需要外界帮助作为补充条件的过程，称为非自发过程。

(77) 热力学第二定律的表述：①克劳修斯说法——热不可能自发地、不付代价地从低温物体传至高温物体；②开尔文说法——不可能制造出从单一热源吸热，使之全部转化为功而不留下其他任何变化的热力发动机。

(78) 第二类永动机：借助单一热源连续做功的发动机。

(79) 卡诺循环：工作于温度分别为 T_1 和 T_2 的两个热源之间的正向循环，由两个可逆定温过程和两个可逆绝热过程组成。

(80) 概括性卡诺循环：双热源间的极限回热循环，称为概括性卡诺循环。它由两个可逆定温过程以及两个同类型其他可逆过程组成。

(81) 回热：利用工质原本排出的热量来加热工质本身的方法称为回热。

(82) 逆向卡诺循环：按与卡诺循环相同的路线而反方向进行的循环即逆向卡诺循环。

(83) 多热源的可逆循环：热源多于两个的可逆循环。

(84) 卡诺定理一：在相同温度的高温热源和相同温度的低温热源之间工作的一切可逆循环，其热效率都相等，与可逆循环的种类无关，与采用哪一种工质也无关。

（85）卡诺定理二：在温度同为 T_1 的热源和同为 T_2 的冷源间工作的一切不可逆循环，其热效率必小于可逆循环。

（86）克劳修斯积分：克劳修斯积分 $\oint \frac{\delta Q}{T_r} \leqslant 0$，其中 $\oint \frac{\delta Q}{T_r} = 0$ 为可逆循环，$\oint \frac{\delta Q}{T_r} < 0$ 为不可逆循环，而 $\oint \frac{\delta Q}{T_r} > 0$ 的循环不能实现。

（87）热熵流：换热量与热源温度的比值，$S_{f,Q} = \int_1^2 \frac{\delta Q}{T_r}$，表明系统与外界换热引起的系统熵变。

（88）熵产：不可逆因素造成的系统熵增量，不可逆过程熵产是正值，可逆过程为零。

（89）孤立系统熵增原理：孤立系统内部发生不可逆变化时，孤立系统的熵增大，$\Delta S_{iso} > 0$；极限情况（发生可逆变化）熵保持不变 $\Delta S_{iso} = 0$；使孤立系统熵减小的过程不可能出现。

（90）㶲：在环境条件下，能量中可转化为有用功的最高份额称为该能量的㶲。或者：热力系只与环境相互作用，从任意状态可逆地变化到与环境相平衡状态时，作出的最大有用功称为该热力系的㶲。

（91）㶲：在环境条件下，不可能转化为有用功的那部分能量称为㶲。

（92）热量㶲：温度为 T_0 的环境条件下，系统（$T > T_0$）所提供的热量中可转化为有用功的最大值是热量㶲，用 $E_{x,Q}$ 表示，$E_{x,Q} = \int_1^2 \left(1 - \frac{T_0}{T}\right) \delta Q$。

（93）热量㶲：不可能转化为有用功的那部分热量称为热量㶲，$A_{n,Q} = T_0 \Delta S$。

（94）冷量㶲：温度低于环境温度 T_0 的系统（$T < T_0$），吸入热量 Q_c（即冷量）时作出的最大有用功称为冷量㶲，用 E_{x,Q_c} 表示，$E_{x,Q_c} =$

$\int_1^2 \left(\frac{T_0}{T} - 1\right) \delta Q_c$。

（95）热力学能㶲：与环境处于热力不平衡的闭口系，当它与环境发生作用、可逆地变化到与环境平衡时，作出最大的有用功，称为闭口系工质的热力学能㶲，用 $E_{x,U}$ 表示，$E_{x,U} = (U - U_0) - T_0(S - S_0) + p_0(V - V_0)$。

（96）焓㶲：与环境处于热力不平衡的一定量的流动工质，通过稳流热力系，在只与环境发生作用的条件下可逆地变化到与环境平衡时，作出的最大有用功则为稳流工质的焓㶲，用 $E_{x,H}$ 表示，$E_{x,H} = (H - H_0) - T_0(S - S_0)$。

（97）孤立系统的能量贬值原理：孤立系统中进行不可逆的热力过程时，㶲只会减小不会增大，$dE_{x,\text{iso}} < 0$；极限情况下（可逆过程）㶲保持不变，$dE_{x,\text{iso}} = 0$，使孤立系统㶲增加的过程不可能出现，这就是孤立系统的能量贬值原理。

（98）绝热滞止过程：气体在绝热流动过程中，因受到某种物体的阻碍，而流速降低为零的过程称为绝热滞止过程。

（99）绝热滞止参数：绝热滞止过程中，气体的流速降低为零所对应的参数称为绝热滞止参数。

（100）喷管：能使气流压力降低而速度升高的变截面短管称为喷管。

（101）扩压管：能使气流压力升高而速度降低的变截面短管称为扩压管。

（102）临界压力比：流速达到当地声速时工质的压力与滞止压力之比。

（103）速度系数：$\varphi = \dfrac{c_{f2}}{c_{f2s}}$，不可逆绝热膨胀的速度与可逆绝热膨胀速度之比。

（104）绝热节流：流体在管道内流动时，有时流经阀门、孔板等设备，由于局部阻力，使流体压力降低，这种现象称为节流现象。如在节流过程中流体与外界没有热量交换，就称为绝热节流，也简称节流。

（105）余隙容积：在实际的活塞式压气机中，因为制造公差、金属材料的热膨胀及安装进、排气阀等零件的需要，当活塞运动到上死点位置时，在活塞顶面与气缸盖间留有一定的空隙，该空隙的容积称为余隙容积。

（106）气缸排量：活塞从上死点运动到下死点时活塞扫过的容积，称为气缸排量。

（107）有效吸气容积：气缸实际进气容积即有效吸气容积。

（108）容积效率：有效吸气容积 V 小于气缸排量 V_h，两者之比称为容积效率，$\eta_V = \dfrac{V}{V_h}$。

（109）定温效率：当压缩前气体的状态相同，压缩后气体的压力相同时，可逆定温压缩过程所消耗的功和实际压缩过程所消耗的功之比，称为定温效率。

（110）绝热效率：当压缩前气体的状态相同，压缩后气体的压力相同时，可逆绝热压缩过程所消耗的功和不可逆绝热压缩过程所消耗的功之比，称为绝热效率。

（111）压缩比：压缩前的比体积与压缩后的比体积之比，$\varepsilon = \dfrac{v_1}{v_2}$，是表征内燃机工作体积大小的结构参数。

（112）定容增压比：定容加热后的压力与加热前的压力之比，$\lambda = \dfrac{p_3}{p_2}$，是表示内燃机定容燃烧情况的特性参数。

（113）定压预胀比：定压加热后的比体积与加热前的比体积之比，$\rho = \dfrac{v_4}{v_3}$，它是表示内燃机定压燃烧情况的特性参数。

（114）压气机增压比：压气机压缩后的压力与压缩前压力之比，$\pi = \dfrac{p_2}{p_1}$。

(115) 耗汽率：每输出单位功量所消耗的蒸汽量，称为耗汽率。

(116) 再热循环：新蒸汽膨胀到某一中间压力后撤出汽轮机，导入锅炉中特设的再热器或其他换热设备中，使之再加热，然后再导入汽轮机继续膨胀到背压，这样的循环称为再热循环。

(117) 抽汽回热循环：从汽轮机的适当部位抽出尚未完全膨胀的，压力、温度相对较高的少量蒸汽，去加热低温凝结水。这部分抽汽并未经过冷凝器，没有向冷源放热，而是加热了冷凝水，达到了回热的目的，这种循环称为抽汽回热循环。

(118) 制冷系数：制冷循环的制冷量与耗功量之比称为制冷系数，$\varepsilon = \dfrac{q_c}{w_{net}}$。

(119) 热泵：将热能从低温物系向加热对象输送的装置。

(120) 热泵系数：热泵循环的制热量与耗功量之比称为热泵系数，$\varepsilon' = \dfrac{q_H}{w_{net}}$。

(121) 反应热：化学反应中物系与外界交换的热量称为反应热。

(122) 反应热效应：若反应在定温定容或定温定压下不可逆地进行，且没有作出有用功（这时反应的不可逆程度最大），这时的反应热称为反应热效应。

(123) 燃烧热：1mol 燃料完全燃烧时的定压热效应常称为燃料的燃烧热。

(124) 生成热：由一些单质（或元素）化合成 1mol 化合物时的热效应称为该化合物的生成热。

(125) 分解热：1mol 化合物分解成单质时的热效应称为该化合物的分解热。

(126) 反应焓：定温定压的反应热效应等于反应前后物系的焓差，这个焓差称为反应焓。

(127) 赫斯定律：当反应前后物质的种类给定时，热效应只取决于反应前后的状态，与中间经历的反应途径无关，称为赫斯定律。

（128）理论空气量：完全燃烧理论上需要的空气量。

（129）过量空气：超出理论空气量部分的空气称为过量空气。

（130）过量空气系数：实际空气量与理论空气量之比称为过量空气系数。

（131）空气燃料比：每千克或每摩尔燃料所需的空气量称为空气燃料比。

（132）绝热理论燃烧温度：若燃烧反应在接近绝热的条件下进行，物系的动能及位能变化可忽略不计且对外不作有用功，并且假定燃烧是完全的，则燃烧所产生的热能全部用于加热燃烧产物本身，这时燃烧产物所能达到的最高温度称为"绝热理论燃烧温度"。

（133）离解：指化合物（或反应生成物）分解成一些较简单的物质与元素。

（134）离解度：指达到化学平衡时每摩尔物质离解的程度。

（135）平衡移动原理：若处于平衡状态下的物系受到外界条件改变的影响（如外界压力、温度发生变化，使物系的压力、温度也随着变化），则平衡位置就会发生移动，移动的方向总是朝着削弱这些外来作用影响的方向，即平衡移动原理，也称列-查德里原理。

（136）亥姆霍兹函数（自由能）：$F = U - TS$。

（137）吉布斯函数（自由焓）：$G = H - TS$。

（138）化学㶲：与环境的温度、压力相平衡（即处于物理死态）的系统，经可逆的物理（扩散）或化学反应过程达到与环境化学平衡（成分相同）时作出的最大有用功称为物质的化学㶲。

（139）热力学第三定律：在绝对零度下任何纯粹物质完整晶体的熵。或者，不可能应用有限个方法使物系的温度达到绝对零度。

工程热力学公式

(1) 压力是大量气体分子撞击器壁的平均结果；工质的真实压力称为绝对压力，压力表上的读数为表压力，真空计上的读数称为真空度。绝对压力 p、表压力 p_e、真空度 p_v 及大气压力 p_b 的关系为

绝对压力大于大气压力：$p = p_b + p_e$ （$p > p_b$）

绝对压力小于大气压力：$p = p_b - p_v$ （$p < p_b$）

(2) 比体积 $v = \dfrac{V}{m}$，单位 m^3/kg，密度 $\rho = \dfrac{m}{V}$，单位 kg/m^3，比体积和密度互为倒数 $v = \dfrac{1}{\rho}$。

(3) 理想气体状态方程式：$pv = R_g T$，$pV = mR_g T$，$pV = nRT$。各物理量的单位：压力 p（Pa），温度 T（K），比体积 v（m^3/kg），质量 m（kg），物质的量 n（mol）。

(4) 摩尔气体常数 $R = 8.3145 J/(mol \cdot K)$，气体常数 $R_g = \dfrac{R}{M}$，单位为 $J/(kg \cdot K)$。

(5) 体积变化功 $w = \int_1^2 p dv$（可逆过程，准静态过程）；热量 $q = \int_1^2 T ds$（可逆过程）。

(6) 总功 $W = W_u + W_l + W_p$，其中 W 为体积变化功，W_u 为有用功，W_l 摩擦耗功；W_p 排斥大气功。排斥大气功 $W_p = p_b(V_2 - V_1)$，过程可逆时，摩擦耗功 $W_l = 0$，总功 $W = W_u + W_p$，即 $\int_1^2 p dv = W_u + $

$p_b(V_2-V_1)$。

（7）理想气体定温膨胀过程 $pV=mR_gT$ 保持不变，理想气体定温膨胀过程的体积变化功：

$$W=\int_{V_1}^{V_2}p\,\mathrm{d}V=pV\int_{V_1}^{V_2}\frac{1}{V}\mathrm{d}V=pV\ln\frac{V_2}{V_1}=mR_gT\ln\frac{V_2}{V_1}。$$

（8）循环热效率 $\eta_t=\dfrac{w_{net}}{q_1}=1-\dfrac{q_2}{q_1}$，$q_1$ 代表吸热量，q_2 代表放热量。

（9）制冷系数 $\varepsilon=\dfrac{q_2}{w_{net}}=\dfrac{q_2}{q_1-q_2}$，热泵系数 $\varepsilon'=\dfrac{q_1}{w_{net}}=\dfrac{q_1}{q_1-q_2}$，$q_1$ 为制热量，q_2 为制冷量。

（10）闭口系统 $q=\Delta u+w$，稳定流动开口系统 $q=\Delta h+w_t$，由于 $\oint\mathrm{d}u=0, \oint\mathrm{d}h=0$，从而 $q_{net}=w_{net}$，即 $q_1-q_2=w_T-w_C$。

（11）总能用 E 表示，动能和位能分别用 E_k 和 E_p 表示，则 $E=U+E_k+E_p$。

那么 $E=U+\dfrac{1}{2}mc_f^2+mgz$，1kg 工质的总能，可写为 $e=u+\dfrac{1}{2}c_f^2+gz$。

（12）焓 $H=U+pV$。

（13）单位工质的技术功 $w_t=\dfrac{1}{2}(c_{f2}^2-c_{f1}^2)+g(z_2-z_1)+w_i=-\int_1^2 v\,\mathrm{d}p$；推动功 pv；流动功 $\Delta(pv)$；体积变化功和技术功关系：$w=\Delta(pv)+w_t$。

（14）一般开口系统能量方程 $\delta Q=\mathrm{d}E_{CV}+\delta m_{out}\left(h+\dfrac{c_f^2}{2}+gz\right)_{out}-\delta m_{in}\left(h+\dfrac{c_f^2}{2}+gz\right)_{in}+\delta W_i$。

（15）质量流量 $q_m=\dfrac{pq_V}{R_gT}$，其中 q_V 为气体的体积流量，q_m 为气体

的质量流量。

(16) 热容 $C = \dfrac{\delta Q}{\mathrm{d}T}$，比热容 $c = \dfrac{\delta q}{\mathrm{d}T}$ 或者 $c = \dfrac{\delta q}{\mathrm{d}t}$。

(17) 定容比热容 $c_V = \left(\dfrac{\partial u}{\partial T}\right)_v$，定压比热容 $c_p = \left(\dfrac{\partial h}{\partial T}\right)_p$。对于理想气体：$c_V = \dfrac{\mathrm{d}u}{\mathrm{d}T}$，$c_p = \dfrac{\mathrm{d}h}{\mathrm{d}T}$。

(18) 理想气体热力学能差值 $\Delta U = U_2 - U_1 = \int_{T_1}^{T_2} m c_V \mathrm{d}T$，焓差 $\Delta H = H_2 - H_1 = \int_{T_1}^{T_2} m c_p \mathrm{d}T$。

(19) 理想气体迈耶公式 $c_p = c_V + R_g$；比热容比 $\gamma = \dfrac{c_p}{c_V} = \dfrac{C_{p,m}}{C_{V,m}}$，根据 $c_p = c_V + R_g$，那么 $c_V = \dfrac{1}{\gamma - 1} R_g$，$c_p = \dfrac{\gamma}{\gamma - 1} R_g$。

项目	单原子气体	双原子气体	多原子气体
$c_V/[\mathrm{J/(kg \cdot K)}]$	$\dfrac{3}{2} R_g$	$\dfrac{5}{2} R_g$	$\dfrac{7}{2} R_g$
$c_p/[\mathrm{J/(kg \cdot K)}]$	$\dfrac{5}{2} R_g$	$\dfrac{7}{2} R_g$	$\dfrac{9}{2} R_g$
γ	1.67	1.4	1.29
气体	氦气、氩气	氧气、氮气、空气	二氧化碳、甲烷

(20) 熵的定义式 $\Delta S = \int \dfrac{\delta Q_{\mathrm{rev}}}{T_r}$，$T_r$ 是热源温度，该定义式一定是可逆的过程才能使用；若过程不可逆，则要转换成内可逆才能使用。但是熵是状态参数，与过程无关，不可逆过程可以用以下公式：

理想气体且比热容 c_V 和 c_p 为定值时，有

$$\Delta s_{1-2} = c_V \ln \dfrac{T_2}{T_1} + R_g \ln \dfrac{v_2}{v_1},$$

$$\Delta s_{1-2} = c_p \ln\frac{T_2}{T_1} - R_g \ln\frac{p_2}{p_1},$$

$$\Delta s_{1-2} = c_p \ln\frac{v_2}{v_1} + c_V \ln\frac{p_2}{p_1}$$

对于非理想气体，如液体、蒸汽和固体，且过程为非定温、无相变时，有

$$\Delta S_{1-2} = mc\ln\frac{T_2}{T_1}$$

对于任意物体，当过程为定温传热过程或者发生相变的传热过程时，有

$$\Delta S_{1-2} = \frac{Q}{T}$$

(21) 干度 x 为湿蒸汽中饱和水蒸气的质量分数，$x = \dfrac{m_v}{m_v + m_w}$。

干度 $x = \dfrac{m_v}{m_v + m_w} = \dfrac{v_x - v'}{v'' - v'} = \dfrac{s_x - s'}{s'' - s'} = \dfrac{h_x - h'}{h'' - h'}$。

(22) 汽化潜热 $r = T_s(s'' - s') = h'' - h' = (u'' - u') + p(v'' - v')$。

(23) 多变过程：$pv^n = $ 常数（n 为常数）。

(24) 多变过程状态参数 p、v、T 之间的关系为

多变过程：$\dfrac{v_2}{v_1} = \left(\dfrac{p_1}{p_2}\right)^{\frac{1}{n}} = \left(\dfrac{T_1}{T_2}\right)^{\frac{1}{n-1}}$

定压过程：$\dfrac{v_2}{v_1} = \dfrac{T_2}{T_1}$

定温过程：$\dfrac{v_2}{v_1} = \dfrac{p_1}{p_2}$

定熵过程：$\dfrac{v_2}{v_1} = \left(\dfrac{p_1}{p_2}\right)^{\frac{1}{\kappa}} = \left(\dfrac{T_1}{T_2}\right)^{\frac{1}{\kappa-1}}$

定容过程：$\dfrac{p_1}{p_2} = \dfrac{T_1}{T_2}$

(25) 由 $\dfrac{v_2}{v_1} = \left(\dfrac{p_1}{p_2}\right)^{\frac{1}{n}} = \left(\dfrac{T_1}{T_2}\right)^{\frac{1}{n-1}}$ 可得 $\dfrac{p_1}{p_2} = \left(\dfrac{v_2}{v_1}\right)^n$，那么 $\ln\dfrac{p_1}{p_2} =$

$n\ln\dfrac{v_2}{v_1}$，故 $n = \dfrac{\ln\dfrac{p_1}{p_2}}{\ln\dfrac{v_2}{v_1}}$。

由 $\dfrac{v_2}{v_1} = \left(\dfrac{p_1}{p_2}\right)^{\frac{1}{n}} = \left(\dfrac{T_1}{T_2}\right)^{\frac{1}{n-1}}$ 可得 $\dfrac{T_1}{T_2} = \left(\dfrac{v_2}{v_1}\right)^{n-1}$，那么 $\ln\dfrac{T_1}{T_2} = (n-1)\ln\dfrac{v_2}{v_1}$，故 $n - 1 = \dfrac{\ln\dfrac{T_1}{T_2}}{\ln\dfrac{v_2}{v_1}}$。

$\dfrac{v_2}{v_1} = \left(\dfrac{p_1}{p_2}\right)^{\frac{1}{n}} = \left(\dfrac{T_1}{T_2}\right)^{\frac{1}{n-1}}$ 可得 $\dfrac{T_1}{T_2} = \left(\dfrac{p_1}{p_2}\right)^{\frac{n-1}{n}}$，$\ln\dfrac{T_1}{T_2} = \dfrac{n-1}{n}\ln\dfrac{p_1}{p_2}$，故 $\dfrac{n-1}{n} = \dfrac{\ln\dfrac{T_1}{T_2}}{\ln\dfrac{p_1}{p_2}}$。

（26）多变过程的体积变化功 $w = \dfrac{p_1 v_1 - p_2 v_2}{n-1} = \dfrac{1}{n-1}R_g(T_1 - T_2) = \dfrac{\kappa - 1}{n - 1}c_V(T_1 - T_2)$。

（27）多变过程的技术功 $w_t = \dfrac{n}{n-1}(p_1 v_1 - p_2 v_2) = \dfrac{n}{n-1}R_g(T_1 - T_2) = nw$。

（28）多变过程的热量 $q = \Delta u + w = c_V(T_2 - T_1) + \dfrac{\kappa - 1}{n - 1}c_V(T_1 - T_2) = \dfrac{n - \kappa}{n - 1}c_V(T_2 - T_1)$。

（29）多变过程的比热容为 $c_n = \dfrac{n - \kappa}{n - 1}c_V$。

（30）卡诺循环的热效率 $\eta_c = 1 - \dfrac{T_L}{T_H}$，卡诺循环热效率只决定于高温热源 T_H 和低温热源 T_L。

（31）概括性卡诺循环的热效率 $\eta_t = 1 - \dfrac{T_L}{T_H} = \eta_c$，概括性卡诺循环的热效率等于卡诺循环热效率。

（32）逆向卡诺循环制冷系数 $\varepsilon = \dfrac{q_2}{w_{net}} = \dfrac{T_L}{T_H - T_L}$。逆向卡诺循环热泵系数 $\varepsilon' = \dfrac{q_1}{w_{net}} = \dfrac{T_H}{T_H - T_L}$。

（33）克劳修斯积分 $\oint \dfrac{\delta Q}{T_r} \leqslant 0$，$\oint \dfrac{\delta Q}{T_r} = 0$ 为可逆循环，$\oint \dfrac{\delta Q}{T_r} < 0$ 为不可逆循环，而 $\oint \dfrac{\delta Q}{T_r} > 0$ 的循环不能实现。

（34）闭口系熵方程 $\Delta S_{1-2} = S_{f,Q} + S_g = \int_1^2 \dfrac{\delta Q}{T_r} + S_g$，式中 $S_{f,Q}$ 称为热熵流，S_g 为熵产。

（35）开口系熵方程 $\Delta S_{CV} = S_{f,m} + S_{f,Q} + S_g$，式中 $S_{f,m} = S_{in} - S_{out}$ 为质熵流；$S_{f,Q}$ 为热熵流，S_g 是熵产。

（36）对于稳态稳流的开口系 $s_{out} - s_{in} = s_{f,Q} + s_g$。对于稳态稳流绝热系统，$s_{f,Q} = 0$，那么 $s_g = s_{out} - s_{in}$。

（37）孤立系统的熵 $\Delta S_{iso} = S_g \geqslant 0$。孤立系统内部发生不可逆变化时，孤立系的熵增大，$\Delta S_{iso} > 0$；极限情况（可逆变化）熵保持不变 $\Delta S_{iso} = 0$；使孤立系熵减小的过程不可能出现。

（38）作功能力损失 $I = T_0 \Delta S_{iso} = T_0 S_g$。

（39）热量㶲 $E_{x,Q} = \left(1 - \dfrac{T_0}{T}\right) Q$，热量 $A_{n,Q} = T_0 \Delta S$。某一过程的㶲效率 $\eta_{e_x} = \dfrac{W_T}{E_{x,Q}}$；某一循环的㶲效率 $\eta_{e_x} = \dfrac{W_{net}}{E_{x,Q}}$。

（40）热力学能㶲 $E_{x,U} = (U - U_0) - T_0(S - S_0) + p_0(V - V_0)$。

热力学能 $A_{n,U} = U_0 + T_0(S - S_0) - p_0(V - V_0)$。从状态 1 变化到状态 2，热力学能㶲的变化量 $E_{x,U1} - E_{x,U2} = (U_1 - U_2) - T_0(S_1 - S_2) + p_0(V_1 - V_2)$。

(41) 焓㶲 $E_{x,H} = (H - H_0) - T_0(S - S_0)$，焓 $A_{n,H} = H_0 + T_0(S - S_0)$。

从状态 1 变化到状态 2，焓㶲的变化量 $E_{x,H_1} - E_{x,H_2} = (H_1 - H_2) - T_0(S_1 - S_2)$。

(42) 物流㶲 $E_x = E_{x,H} + \frac{1}{2}mc_f^2$；从状态 1 变化到状态 2，物流㶲的变化量：

$$E_{x1} - E_{x2} = (H_1 - H_2) - T_0(S_1 - S_2) + \frac{1}{2}m(c_{f1}^2 - c_{f2}^2)。$$

(43) 冷量㶲 $E_{x,Q_c} = \left(\dfrac{T_0}{T} - 1\right)Q_c$，其中 Q_c 是制冷量。冷量㶲效率 $\eta_{e_x} = \dfrac{E_{x,Q_c}}{W_{net}}$。

(44) 能量贬值原理 $\Delta E_{x,iso} \leqslant 0$，孤立系统中进行不可逆的热力过程时，㶲减小 $\Delta E_{x,iso} < 0$，极限情况下（可逆过程）㶲保持不变 $\Delta E_{x,iso} = 0$，使孤立系㶲增加的过程不可能出现。

(45) 压缩因子：$Z = \dfrac{pv}{R_g T} = \dfrac{pV_m}{RT}$，临界压缩因子 $Z_{cr} = \dfrac{p_{cr} v_{cr}}{R_g T_{cr}}$。

(46) 范德瓦耳斯方程：$p = \dfrac{RT}{V_m - b} - \dfrac{a}{V_m^2}$ 或者 $p = \dfrac{R_g T}{v - b} - \dfrac{a}{v^2}$。$a$ 与 b 是与气体种类有关的正常数，称为范德瓦耳斯常数。

(47) 维里方程 $Z = \dfrac{pv}{R_g T} = 1 + \dfrac{B}{v} + \dfrac{C}{v^2} + \dfrac{D}{v^3} + \cdots$，式中 B、C、D 等都是温度的函数，分别称为第二、第三、第四维里系数等。

(48) 全微分形式 $dz = \left(\dfrac{\partial z}{\partial x}\right)_y dx + \left(\dfrac{\partial z}{\partial y}\right)_x dy$。

(49) 循环关系 $\left(\dfrac{\partial x}{\partial y}\right)_z \left(\dfrac{\partial z}{\partial x}\right)_y \left(\dfrac{\partial y}{\partial z}\right)_x = -1$；链式关系式 $\left(\dfrac{\partial x}{\partial y}\right)_w \left(\dfrac{\partial y}{\partial z}\right)_w \left(\dfrac{\partial z}{\partial x}\right)_w = 1$。

(50) $du = Tds - pdv$,$dh = Tds + vdp$,$df = -sdT - pdv$,$dg = -sdT + vdp$。

(51) 亥姆霍兹函数 $F = U - TS$,比亥姆霍兹函数 $f = u - Ts$;吉布斯函数 $G = H - TS$,比吉布斯函数 $g = h - Ts$。

(52) 特性函数:$u = u(s, v)$,$h = h(s, p)$,$f = f(T, v)$,$g = g(T, p)$。

(53) $T = \left(\dfrac{\partial u}{\partial s}\right)_v = \left(\dfrac{\partial h}{\partial s}\right)_p$,$v = \left(\dfrac{\partial h}{\partial p}\right)_s = \left(\dfrac{\partial g}{\partial p}\right)_T$,$-s = \left(\dfrac{\partial f}{\partial T}\right)_v = \left(\dfrac{\partial g}{\partial T}\right)_p$,$-p = \left(\dfrac{\partial f}{\partial v}\right)_T = \left(\dfrac{\partial u}{\partial v}\right)_s$。

(54) 麦克斯韦关系 $\left(\dfrac{\partial p}{\partial T}\right)_v = \left(\dfrac{\partial s}{\partial v}\right)_T$,$\left(\dfrac{\partial p}{\partial s}\right)_v = -\left(\dfrac{\partial T}{\partial v}\right)_s$,$\left(\dfrac{\partial v}{\partial s}\right)_p = \left(\dfrac{\partial T}{\partial p}\right)_s$,$-\left(\dfrac{\partial v}{\partial T}\right)_p = \left(\dfrac{\partial s}{\partial p}\right)_T$。

(55) 热系数:等容压力温度系数 $\alpha = \dfrac{1}{p}\left(\dfrac{\partial p}{\partial T}\right)_v$;等温压缩率 $k_T = -\dfrac{1}{v}\left(\dfrac{\partial v}{\partial p}\right)_T$;等熵压缩率 $k_s = -\dfrac{1}{v}\left(\dfrac{\partial v}{\partial p}\right)_s$;体积膨胀系数 $a_V = \dfrac{1}{v}\left(\dfrac{\partial v}{\partial T}\right)_p$;热系数之间的关系 $\alpha_V = p\alpha\kappa_T$。

(56) 比熵 $ds = \dfrac{c_v}{T}dT + \left(\dfrac{\partial p}{\partial T}\right)_v dv$,$ds = c_p\dfrac{dT}{T} - \left(\dfrac{\partial v}{\partial T}\right)_p dp$。

(57) 比热力学能 $du = c_V dT + \left[T\left(\dfrac{\partial p}{\partial T}\right)_v - p\right]dv$;比焓 $dh = c_p dT + \left[v - T\left(\dfrac{\partial v}{\partial T}\right)_p\right]dp$。

(58) 焦耳-汤姆逊系数 $\mu_J = \left(\dfrac{\partial T}{\partial p}\right)_h = \dfrac{T\left(\dfrac{\partial v}{\partial T}\right)_p - v}{c_p}$。

(59) 实际气体的比定压热容和比定容热容:$c_V = \left(\dfrac{\partial u}{\partial T}\right)_v$,$c_p = $

$\left(\frac{\partial h}{\partial T}\right)_p$,$c_p - c_V = T\left(\frac{\partial v}{\partial T}\right)_p \left(\frac{\partial p}{\partial T}\right)_v$。

（60）克拉佩龙方程：$\left(\frac{\mathrm{d}p}{\mathrm{d}T}\right)_s = \frac{\gamma}{T_s(v^\beta - v^\alpha)}$，其中 γ 为相变潜热，T_s 为相变时的饱和温度。

（61）喷管和扩压管的流量 $q_m = \frac{Ac_f}{v} = $ 常数。

（62）滞止焓 $h_0 = h + \frac{1}{2}c_f^2$，滞止温度 $T_0 = T + \frac{c_f^2}{2c_p}$，滞止压力 $p_0 = p\left(\frac{T_0}{T}\right)^{\frac{\kappa}{\kappa-1}}$，滞止比体积 $v_0 = \frac{R_g T_0}{p_0}$。

（63）声速 $c = \sqrt{\kappa p v} = \sqrt{\kappa R_g T}$，声速不是一个固定不变的常数，与气体种类和状态有关。

（64）马赫数 $Ma = \frac{c_f}{c}$。

（65）喷管速度 $c_{f2} = \sqrt{2(h_0 - h_2)} = \sqrt{2c_p(T_0 - T_2)}$。

（66）临界压力比 $v_{cr} = \frac{p_{cr}}{p_0} = \left(\frac{2}{\kappa+1}\right)^{\frac{\kappa}{\kappa-1}}$，双原子 $\kappa = 1.4$，$v_{cr} = 0.528$；过热水蒸气 $\kappa = 1.3$，$v_{cr} = 0.546$；干饱和水蒸气 $\kappa = 1.135$，$v_{cr} = 0.577$。

（67）喷管速度系数 $\varphi = \frac{c_{f2}}{c_{f2s}}$；喷管能量损失系数 $\xi = \frac{\frac{1}{2}c_{f2s}^2 - \frac{1}{2}c_{f2}^2}{\frac{1}{2}c_{f2s}^2} = \frac{c_{f2s}^2 - c_{f2}^2}{c_{f2s}^2} = 1 - \varphi^2$，喷管效率 $\eta_N = \frac{w_t'}{w_t} = \frac{h_0 - h_2}{h_0 - h_{2s}} = \frac{\frac{1}{2}c_{f2}^2 - \frac{1}{2}c_{f0}^2}{\frac{1}{2}c_{f2s}^2 - \frac{1}{2}c_{f0}^2} = \varphi^2$。

（68）压气机余隙容积百分比 $\sigma = \frac{V_c}{V_h}$，其中 V_h 为气缸排量，V_c 为余隙容积。

（69）压气机容积效率 $\eta_V = \dfrac{V}{V_h} = 1 - \sigma(\pi^{\frac{1}{n}} - 1)$，其中 V 为压气机有效吸气容积，V_h 为气缸排量，$\sigma = \dfrac{V_c}{V_h}$ 为余隙容积，π 为循环增压比。

（70）当压缩前气体的状态相同、压缩后气体的压力相同时，可逆定温压缩过程所消耗的功和实际压缩过程所消耗的功之比，称为定温效率，$\eta_{C,T} = \dfrac{w_{C,T}}{w_C}$。

（71）当压缩前气体的状态相同、压缩后气体的压力相同时，可逆绝热压缩过程所消耗的功和不可逆绝热压缩过程所消耗的功之比，称为绝热效率，$\eta_{C,s} = \dfrac{w_{C,s}}{w_C}$。

（72）当膨胀前气体的状态相同、膨胀后气体的压力相同时，不可逆绝热膨胀过程所消耗的功和可逆绝热膨胀过程所消耗的功之比，称为相对内效率：$\eta_T = \dfrac{w_{T,\text{act}}}{w_T}$，反映了内部摩擦引起的损失。

（73）采用两级压缩、级间冷却时，最有利的中间压力是使两个气缸中所消耗的功的总和为最小的压力，最有利的中间压力 $p_2 = \sqrt{p_1 p_3}$。

如果采用 m 级压缩，各级压力分别为 $p_1, p_2, p_3, \cdots, p_m, p_{m+1}$，每级中间冷却器都将气体冷却到初始温度，则使压气机消耗的总功最小的各中间压力满足 $\pi = \pi_1 = \pi_2 = \cdots = \pi_m = \sqrt[m]{\dfrac{p_{m+1}}{p_1}}$。

（74）平均有效压力 $p_{\text{MEP}} = \dfrac{W_{\text{net,act}}}{V_h} = \dfrac{w_{\text{net,act}}}{v_h}$，$V_h$ 为内燃机气缸排量，$W_{\text{net,act}}$ 为实际循环净功。

（75）内燃机压缩比 $\varepsilon = \dfrac{v_1}{v_2}$；定容增压比 $\lambda = \dfrac{p_3}{p_2}$；定压预胀比 $\rho = \dfrac{v_4}{v_3}$。

(76)内燃机定容加热理想循环热效率 $\eta_t = 1 - \dfrac{1}{\varepsilon^{\kappa-1}}$,其中 $\varepsilon = \dfrac{v_1}{v_2}$。

(77)燃气轮机定压加热理想循环的热效率 $\eta_t = 1 - \dfrac{1}{\pi^{\frac{\kappa-1}{\kappa}}}$,其中 $\pi = \dfrac{p_2}{p_1}$。

(78)蒸汽动力装置循环的耗汽率 $d = \dfrac{1}{w_{\text{net}}}$。

(79)压缩空气的制冷循环的制冷系数 $\varepsilon = \dfrac{1}{\pi^{\frac{\kappa-1}{\kappa}} - 1}$,其中 $\pi = \dfrac{p_2}{p_1}$ 称为循环增压比。

(80)质量分数 $w_i = \dfrac{m_i}{m}$,摩尔分数 $x_i = \dfrac{n_i}{n}$,体积分数 $\varphi_i = \dfrac{V_i}{V}$。$\dfrac{V_i}{V} = \dfrac{n_i}{n}$;体积分数和摩尔分数关系 $\varphi_i = \dfrac{V_i}{V} = \dfrac{p_i}{p} = \dfrac{n_i}{n} = x_i$。质量分数和摩尔分数的关系 $w_i = \dfrac{m_i}{m} = \dfrac{M_i}{M_{\text{eq}}} x_i = \dfrac{R_{\text{g, eq}}}{R_{\text{g, }i}} x_i$。

(81)混合气体的摩尔质量 $M_{\text{eq}} = \sum\limits_i x_i M_i$,混合气体的气体常数 $R_{\text{g, eq}} = \sum\limits_i w_i R_{\text{g, }i}$。

(82)对于未饱和湿空气:干球温度 t、湿球温度 t_w、露点温度 t_d 的关系为 $t > t_w > t_d$,对于饱和湿空气:干球温度 t、湿球温度 t_w、露点温度 t_d 的关系为 $t = t_w = t_d$。

(83)相对湿度 $\varphi = \dfrac{p_v}{p_s}$。当 $\varphi = 0$ 时,为干空气;当 $0 < \varphi < 1$ 时,为未饱和空气;当 $\varphi = 1$ 时,为饱和空气。

(84)湿空气的含湿量 $d = \dfrac{m_v}{m_a}$;湿空气的比焓 $h = 1.005t + d(2501 + 1.86t)$;

湿空气的比体积：$v = \dfrac{V}{m_a} = (1+d)\dfrac{R_g T}{p}$；

湿空气的气体常数，$R_g = \sum_i w_i R_{g,i} = \dfrac{1}{1+d}\dfrac{R}{M_a} + \dfrac{d}{1+d}\dfrac{R}{M_v} = \dfrac{R_{g,a} + dR_{g,v}}{1+d}$，其中，干空气摩尔质量 $M_a = 28.97 \times 10^{-3} \text{kg/mol}$，水蒸气摩尔质量 $M_v = 18 \times 10^{-3} \text{kg/mol}$。

（85）定容热效应 $Q_V = U_2 - U_1$；定压热效应 $Q_p = H_2 - H_1$。

（86）反应 $bB + dD \rightarrow gG + rR$，反应的热效应 $Q_p = H_{\text{Pr}} - H_{\text{Re}}$，脚标 Pr 和 Re 分别表示反应的生成物和反应物。

标准状态下：$Q_p^0 = H_{\text{Pr}}^0 - H_{\text{Re}}^0 = \Delta H^0 = \left(\sum_k n_k \Delta H_{f,k}^0\right)_{\text{Pr}} - \left(\sum_j n_j \Delta H_{f,j}^0\right)_{\text{Re}}$。

基尔霍夫定律表达式：$Q_T = \Delta H^0 + \left[\sum n_k (H_{m,k} - H_{m,k}^0)\right]_{\text{Pr}} - \left[\sum n_j (H_{m,j} - H_{m,j}^0)\right]_{\text{Re}}$。

（87）对于反应 $bB + dD \Leftrightarrow gG + rR$，反应达到平衡时，平衡常数的计算 $K_p = \dfrac{p_G^g p_R^r}{p_B^b p_D^d}$。

（88）$dF < 0$ 是定温定容自发过程方向的判据。定温定容物系达到平衡的判据可表示为 $dF = 0$，$d^2F > 0$。

（89）$dG < 0$ 是定温定压自发过程方向的判据，定温定压物系达到的平衡的判据可表示为 $dG = 0$，$d^2G > 0$。

（90）定温定容最大有用功为 $W_{u,V,\max} = F_1 - F_2$。定温定压最大有用功为 $W_{u,p,\max} = G_1 - G_2$。

参 考 文 献

[1] 沈维道,童钧耕. 工程热力学 [M]. 5版. 北京:高等教育出版社,2016.
[2] 童钧耕,范云良. 工程热力学学习辅导与习题解答 [M]. 2版. 北京:高等教育出版社,2008.
[3] 何雅玲. 工程热力学精要解析 [M]. 2版. 西安:西安交通大学出版社,2022.
[4] 曾丹苓,敖越,张新铭,等. 工程热力学 [M]. 3版. 北京:高等教育出版社,2002.
[5] 朱明善,刘颖,林兆庄,等. 工程热力学 [M]. 2版. 北京:清华大学出版社,2011.
[6] 吴晓敏. 工程热力学精要与题解 [M]. 北京:清华大学出版社,2011.
[7] 李永,宋健. 工程热力学习题答案·大作业·模拟试卷 [M]. 北京:机械工业出版社,2018.
[8] 严家騄. 工程热力学 [M]. 5版. 北京:高等教育出版社,2015.